高等职业教育"十三五"规划教材

建筑装饰工程清单计价

主　编　胡　婧

副主编　吕　丹　杨晓东

陈　媛　庞　晓

北京理工大学出版社

BEIJING INSTITUTE OF TECHNOLOGY PRESS

内容提要

本书共分6个单元，主要内容包括建筑工程计价概论、工程量清单的编制、分部分项工程工程量计算、措施项目工程工程量计算、工程量清单计价方法和综合实训。本书依据工程量清单计价最新规范和标准进行编写，具有内容实用、简要、系统、完整、操作性强的特点等。

本书可作为高职高专院校工程造价、建筑工程管理、建筑装饰技术、工程监理等相关专业的教材，也可作为建筑装饰工程技术人员的学习参考用书。

图书在版编目(CIP)数据

建筑装饰工程清单计价／胡婧主编.—北京：北京理工大学出版社，2018.7（2018.8重印）
ISBN 978-7-5682-5894-4

Ⅰ.①建…　Ⅱ.①胡…　Ⅲ.①建筑装饰－工程造价　Ⅳ.①TU723.3

中国版本图书馆CIP数据核字（2018）第158729号

出版发行／北京理工大学出版社有限责任公司
社　　址／北京市海淀区中关村南大街5号
邮　　编／100081
电　　话／（010）68914775（总编室）
（010）82562903（教材售后服务热线）
（010）68948351（其他图书服务热线）
网　　址／http://www.bitpress.com.cn
经　　销／全国各地新华书店
印　　刷／北京紫瑞利印刷有限公司
开　　本／787毫米×1092毫米　1/16
印　　张／11
字　　数／235千字
版　　次／2018年7月第1版　2018年8月第2次印刷
定　　价／32.00元

责任编辑／封　雪
文案编辑／封　雪
责任校对／杜　枝
责任印制／边心超

图书出现印装质量问题，请拨打售后服务热线，本社负责调换

前　言

工程量清单计价是我国建筑工程计价活动中大力推行的一种计价模式。随着工程量清单计价改革工作的不断深入和工程造价管理改革的要求，住房和城乡建设部在2013年4月重新颁布了《建设工程工程量清单计价规范》（GB 50500—2013），该规范在原《建设工程工程量清单计价规范》（GB 50500—2008）的基础上，对工程量清单编制和工程量清单计价相应条文做了补充和完善。为满足高职高专院校相关专业教学的需要，体现工程量清单计价规范的变化，反映工程造价编制实际，特组织编写了《建筑装饰工程清单计价》一书。根据高职高专学生的需求和教学要求，本书详细解释了工程量清单计算规则，计算内容以及规范要求、格式要求等内容。

本书在编写时采用的标准规范主要包括《建设工程工程量清单计价规范》（GB 50500—2013）、《建筑工程建筑面积计算规范》（GB/T 50353—2013）、2014年吉林省《建筑工程计价定额》等。

本书立足基本理论的阐述，注重实际能力的培养，体现了“案例教学法”的思想，即全书通过对一个完整的建筑工程实例全过程计价文件编制的分析，完成教材内容的编写，同时各单元中还编入了和工程实践紧密结合的小案例，通过对大小案例的分析和探讨，引导、深化和进一步提高学习者识别、分析和解决某一具体问题的能力。

本书由胡婧担任主编，由吕丹、杨晓东、陈媛、庞晓担任副主编。

由于作者水平有限，编写时间仓促，书中不妥和不足之处在所难免，恳请读者、同行批评指正。

编　者

目 录

单元1 建筑工程计价概论

学习目标

通过本单元的学习，学生应了解基本建设的概念、基本建设程序及基本建设项目的划分，熟悉基本建设计价文件的分类、基本建设程序与计价文件之间的关系、建筑工程计价两种方式的区别，明确建筑工程两种计价方式的概念，初步形成该课程的学习思路及明确该课程的学习任务。

1.1 基本建设与建设程序

1.1.1 基本建设概述

1. 基本建设的概念

基本建设是指国民经济各部门为建立和形成新的固定资产从事的一种综合性的经济活动。固定资产包括生产性和非生产性两类，生产性固定资产是指工农业生产用的厂房和机器设备等。非生产性固定资产是指各类生活福利设施和行政管理设施。而综合性的经济活动包括建设项目的投资决策，建设布局，技术决策，环保、工艺流程的确定和设备选型，生产准备和试生产以及对工程建设项目的规划、勘察、设计和施工的监督等活动。

2. 基本建设的作用

基本建设是扩大再生产以提高人民物质、文化生活水平和加强国家综合实力的重要手段。其具体作用如下：

(1)为国民经济各部门提供生产能力；

(2)影响和改变各产业部门内部之间、各部门之间的构成和比例关系；

(3)使全国生产力的配置更趋合理；

(4)用先进的技术改造国民经济；

(5)为社会提供住宅、文化设施和市政设施，为解决社会重大问题提供物质基础。

因此，基本建设是发展国民经济的物质技术基础，它在国家的社会主义现代化建设中占据着重要地位，有着十分重要的作用。

1.1.2 基本建设项目划分

基本建设项目划分是为了便于建设项目预算的编审以及基本建设计划、统计、会计和基本建设拨款等各方面工作的开展。基本建设是由一个个基本建设项目组成的，而基本建设项目又是由若干个部分组成的。

按基本建设项目组成部分的内容不同，从大到小、从粗到细可将其划分为建设项目、单项工程、单位工程、分部工程、分项工程。

1. 建设项目

建设项目一般是指在一个或几个场地上，按照一个总体设计或初步设计建设的全部工程。如一个工厂、一个学校、一所医院、一个住宅小区等均可视为一个建设项目。一个建设项目可以是一个独立的工程，也可以包括几个或更多个单项工程。建设项目在经济上实行统一核算，其在行政上具有独立的组织形式。

2. 单项工程

单项工程也称为工程项目。其是指具有独立的设计文件竣工后可以独立发挥生产能力或工程效益的工程。它是建设项目的组成部分。在工业项目中，例如，一个工厂由几个车间组成，而每个能独立生产的车间在民用项目中可作为一个单项工程。例如，一个学校由教学楼、图书馆、学生宿舍等建筑组成。这些能独立发挥工程效益的建筑均可作为一个单项工程。

3. 单位工程

单位工程一般是指不能独立发挥生产能力或效益但具有独立施工条件的工程。它是单项工程的组成部分。实际组织施工中通常是根据工程的内容和能否满足独立施工的要求将一个单项工程划分为若干个单位工程。例如，一个车间的土建工程、电气工程、工业管道工程、水暖工程、设备安装工程等均为一个单位工程。

4. 分部工程

分部工程通常是按建筑物的主要部位或安装对象的类别划分的。它是单位工程的组成部分。例如，土建工程可分为基础、混凝土、砖石等分部工程。安装工程可分为供暖工程、燃气工程、通风工程、空调工程、自动化控制仪表安装工程等分部工程。

5. 分项工程

分项工程在建筑安装工程中一般是按工程工种划分的。它是分部工程的组成部分。例如，供暖分部工程可分为各种管径的管道安装、阀门安装、散热器安装等分项工程。空调分部工程可分为各种通风管道的制作安装、各种风口的制作安装等分项工程。分项工程是建设预算最基本的计量单位，是建筑安装工程的工程量或工作量的计算基础。其是为了确定工程造价而划定的基本计算单元。

基本建设项目之间的关系如图 1-1 所示。

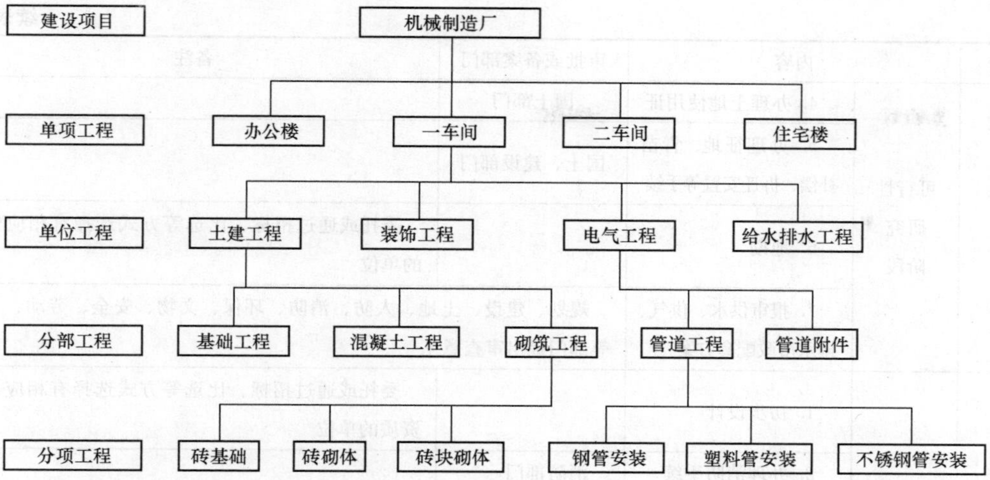

图 1-1　建设项目划分示意

1.1.3　基本建设程序

我国工程基本建设的主要程序包括项目建议书阶段、可行性研究阶段、初步设计阶段、施工图设计阶段、建设准备阶段、建设实施阶段、竣工验收阶段、后评价阶段八个阶段。这几大阶段中每一阶段都包含着许多环节，见表 1-1。

表 1-1　建设工程基本建设程序

阶段		内容	审批或备案部门	备注
投资决策阶段	项目建议书阶段	1. 项目建议书	投资主管部门	同时做好拆迁摸底调查和评估；做好资金来源及筹措准备；准备选址建设地点的测绘地图
		2. 办理项目选址规划意见书	规划部门	
		3. 办理建设用地规划许可证和工程规划许可证	规划部门	
		4. 办理土地使用审批手续	国土部门	
		5. 办理环保审批手续	环保部门	
	可行性研究阶段	1. 编制可行性研究报告		聘请有相应资质的咨询单位
		2. 可行性研究报告论证		聘请有相应资质的单位
		3. 可行性研究报告报批		批准后的项目列入年度计划

续表

阶段	内容		审批或备案部门	备注
投资决策阶段	可行性研究阶段	4. 办理土地使用证	国土部门	
		5. 办理征地、青苗补偿、拆迁安置等手续	国土、建设部门	
		6. 地勘		委托或通过招标、比选等方式选择有相应资质的单位
		7. 报审供水、供气、排水市政配套方案	规划、建设、土地、人防、消防、环保、文物、安全、劳动、卫生等部门提出审查意见	
前期准备阶段	工程设计阶段	1. 初步设计		委托或通过招标、比选等方式选择有相应设计资质的单位
		2. 办理消防手续	消防部门	
		3. 初步设计文本审查	规划部门、发改部门	
		4. 施工图设计		委托或通过招标、比选等方式选择有相应设计资质的单位
		5. 施工图设计文件审查、备案	报有相应资质的设计审查机构审查，并报行业主管部门备案	
	施工准备阶段	1. 编制施工图预算		聘请有预算资质的单位编制
		2. 编制项目投资计划书	按建设项目审批权限报批	
		3. 建设工程项目报建备案	建设行政主管部门	
		4. 建设工程项目招标	业主自行招标或通过比选等竞争性方式择优选定招标代理机构，通过招标或比选等方式择优选定设计单位、勘察单位、施工单位、监理单位和设备供货单位	
		5. 开工建设前准备		包括征地、拆迁和场地平整；三通一平；施工图纸准备
		6. 办理工程质量监督手续	质监管理机构	
		7. 办理施工许可证	建设行政主管部门	
		8. 项目开工前审计	审计机关	
施工阶段	施工阶段	报批开工	建设行政主管部门	
竣工验收阶段	竣工验收阶段	竣工验收	质监管理机构	
后评价阶段	工程后评价阶段	工程项目后评价		包括效益后评价和过程后评价

1. 项目建议书阶段(立项)

项目建议书是项目建设筹建单位根据国民经济和社会发展的长远规划、行业规划、产业政策、生产力布局、市场、所在地的内外部条件等要求，经过调查、预测、分析后，提出的某一具体项目的建议文件。其是基本建设程序中最初阶段的工作，是对拟建项目的框架性设想，也是政府选择项目和可行性研究的依据。项目建议书的主要作用是为了推荐一个拟进行建设的项目的初步说明，论述它建设的必要性、重要性、条件的可行性和获得的可能性，供政府选择确定是否进行下一步工作。该阶段分为以下几个环节：

(1)编制项目建议书。项目建议书的内容一般应包括以下几个方面：

1)建设项目提出的必要性和依据。

2)拟建规模、建设方案。

3)建设的主要内容。

4)建设地点的初步设想情况、资源情况、建设条件、协作关系等的初步分析。

5)投资估算和资金筹措及还贷方案。

6)项目进度安排。

7)经济效益和社会效益的估计。

8)环境影响的初步评价。

有些部门在提出项目建议书之前还增加了初步可行性研究工作，即对拟进行建设的项目初步论证后，再编制项目建议书。项目建议书按要求编制完成后，按照建设总规模和限额划分的审批权限报批。属中央投资、中央和地方合资的大中型和限额以上项目的项目建议书需报送国家投资主管部门(发改委)审批；属省政府投资为主的建设项目需报省投资主管部门(发改委)审批；属市(州、地)政府投资为主的建设项目需报市(州、地)投资主管部门(发改委)审批；属县(市、区)政府投资为主的建设项目需报县(市、区)投资主管部门(发改局)审批。

(2)办理项目选址规划意见书。项目建议书编制完成后，项目筹建单位应到规划部门办理建设项目选址规划意见书。

(3)办理建设用地规划许可证和工程规划许可证。项目筹建单位应到规划部门办理建设用地规划许可证和工程规划许可证。

(4)办理土地使用审批手续。项目筹建单位应到国土部门办理土地使用审批手续。

(5)办理环保审批手续。项目筹建单位应到环保部门办理环保审批手续。

在完成开展以上工作的同时，还应做好以下工作：进行拆迁摸底调查，并请有资质的评估单位进行评估论证；做好资金来源及筹措准备；准备好选址建设地点的测绘。

2. 可行性研究阶段

可行性研究是对项目在技术上是否可行和经济上是否合理进行科学的分析和论证。其通过对建设项目在技术、工程和经济上的合理性进行全面分析论证和多种方案比较，提出评价意见。

(1)编制可行性研究报告。由经过国家资格审定的适合本项目的等级和专业范围的规划、设计、工程咨询单位承担项目可行性研究，并形成报告。可行性研究报告一般具备以下基本内容：

1)总论：①报告编制依据(项目建议书及其批复文件、国民经济和社会发展规划、行业发展规划、国家有关法律、法规、政策等)；②项目提出的背景和依据(项目名称、承办法人单位及法人、项目提出的理由与过程等)；③项目概况(拟建地点、建设规划与目标、主要条件、项目估算投资、主要技术经济指标)；④问题与建议。

2)建设规模和建设方案：①建设规模；②建设内容；③建设方案；④建设规划与建设方案的比选。

3)市场预测和确定的依据。

4)建设标准、设备方案、工程技术方案：①建设标准的选择；②主要设备方案的选择；③工程技术方案的选择。

5)原材料、燃料供应、动力、运输、供水等协作配合条件。

6)建设地点、占地面积、布置方案：①总图布置方案；②场外运输方案；③公用工程与辅助工程方案。

7)项目设计方案。

8)节能、节水措施：①节能、节水措施；②能耗、水耗指标分析。

9)环境影响评价：①环境条件调查；②影响环境因素；③环境保护措施。

10)劳动安全卫生与消防：①危险因素和危害程度分析；②安全防范措施；③卫生措施；④消防措施。

11)组织机构与人力资源配置。

12)项目实施进度：①建设工期；②实施进度安排。

13)投资估算：①建设投资估算；②流动资金估算；③投资估算构成及表格。

14)融资方案：①融资组织形式；②资本金筹措；③债务资金筹措；④融资方案分析。

15)财务评价：①财务评价基础数据与参数选取；②收入与成本费用估算；③财务评价报表；④盈利能力分析；⑤偿债能力分析；⑥不确定性分析；⑦财务评价结论。

16)经济效益评价：①影子价格及评价参数选取；②效益费用范围与数值调整；③经济评价报表；④经济评价指标；⑤经济评价结论。

17)社会效益评价：①项目对社会影响分析；②项目与所在地互适性分析；③社会风险分析；④社会评价结论。

18)风险分析：①项目主要风险识别；②风险程度分析；③防范风险对策。

19)招标投标内容和核准招标投标事项。

20)研究结论与建议：①推荐方案总体描述；②推荐方案优缺点描述；③主要对比方案；④结论与建议。

21)附图、附表、附件。

(2)可行性研究报告论证。报告编制完成后，项目建设筹建单位应委托有资质的单位进行评估、论证。

(3)可行性研究报告报批。项目建设筹建单位提交书面报告，附可行性研究报告文本、其他附件(如建设用地规划许可证、工程规划许可证、土地使用手续、环保审批手续、拆迁评估报告、可行性研究报告的评估论证报告、资金来源和筹措情况等手续)上报原项目审批部门审批。可行性研究报告经批准后，不得随意修改和变更。如果在建设规模、建设方案、建设地区或建设地点、主要协作关系等方面有变动以及突破投资控制数时，应经原批准机关同意重新审批。经过批准的可行性研究报告，是确定建设项目、编制设计文件的依据。可行性研究报告批准后即国家、省、市(地、州)、县(市、区)同意该项目进行建设，何时列入年度计划，要根据其前期工作的进展情况以及财力等因素进行综合平衡后决定。项目建设筹建单位还需办理以下手续：

1)到国土部门办理土地使用证。

2)办理征地、青苗补偿、拆迁安置等手续。

3)地勘。根据可行性研究报告审批意见委托或通过招标或比选方式选择有相应资质的地勘单位进行地勘。

4)报审市政配套方案。报审供水、供气、供热、排水等市政配套方案，一般项目要在规划、建设、土地、人防、消防、环保、文物、安全、劳动、卫生等主管部门提出审查意见，取得有关协议或批件。对于一些各方面相对单一，技术工艺要求不高，前期工作成熟，教育、卫生配套完善等方面的项目，项目建议书和可行性研究报告也可以合并，一步编制项目可行性研究报告，也就是通常所说的可行性研究报告代替项目建议书。

3. 初步设计阶段

设计是对拟建工程的实施在技术上和经济上所进行的全面而详尽的安排，是基本建设计划的具体化，是把先进技术和科研成果引入建设的渠道，是整个工程的决定性环节，是组织施工的依据。它直接关系着工程质量和将来的使用效果。可行性研究报告经批准的建设项目应委托或通过招标投标选定设计单位，按照批准的可行性研究报告的内容和要求进行设计，并编制设计文件。根据建设项目的不同情况，设计过程一般划分为两个阶段，即初步设计和施工图设计，重大项目和技术复杂项目，可根据不同行业的特点和需要，增加技术设计阶段。

(1)初步设计。项目筹建单位应根据可行性研究报告审批意见委托或通过招标投标择优选择有相应资质的设计单位进行初步设计。初步设计是根据批准的可行性研究报告和必要而准确的设计基础资料，对设计对象进行通盘研究，阐明在指定的地点、时间和投资控制数内，拟建工程在技术上的可能性和经济上的合理性。通过对设计对象作出的基本技术规定，编制项目的总概算。根据国家规定，如果初步设计提出的总概算超过可行性研究报告确定的总投资估算10%以上或其他主要指标需要变更时，要重新报批可行性研究报告。初步设计文件主要包括以下几个方面内容：

1)设计依据、原则、范围和设计的指导思想；

2)自然条件和社会经济状况；

3)工程建设的必要性；

4)建设规模，建设内容，建设方案，原材料、燃料和动力等的用量及来源；

5)技术方案及流程、主要设备选型和配置；

6)主要建筑物、构筑物、公用辅助设施等的建设；

7)占地面积和土地使用情况，总体运输，外部协作配合条件；

8)综合利用、节能、节水、环境保护、劳动安全和抗震措施；

9)生产组织、劳动定员和各项技术经济指标；

10)工程投资及财务分析；

11)资金筹措及实施计划；

12)总概算表及其构成；

13)附图、附表、附件。

承担项目设计单位的设计水平应与项目大小和复杂程度相一致。按现行规定，工程设计单位分为甲、乙、丙三级，低等级的设计单位不得越级承担工程项目的设计任务。设计必须有充分的基础资料，基础资料要准确；设计所采用的各种数据和技术条件要正确可靠；设计所采用的设备、材料和所要求的施工条件要切合实际；设计文件的深度要符合建设和生产的要求。

(2)消防手续。项目筹建单位到消防部门办理。

(3)初步设计文本审查。初步设计文本完成后，应报规划管理部门审查，并报原可行性研究审批部门审查批准。初步设计文件经批准后，总平面布置、主要工艺过程、主要设备、建筑面积、建筑结构、总概算等不得随意修改、变更。经过批准的初步设计，是设计部门进行施工图设计的重要依据。

4. 施工图设计阶段

(1)施工图设计。通过招标、比选等方式择优选择设计单位进行施工图设计。施工图设计的主要内容是根据批准的初步设计，绘制出正确、完整和尽可能详尽的建筑安装图纸。其设计深度应满足设备材料的安排和非标设备的制作、建筑工程施工要求等。

(2)施工图设计文件的审查、备案。施工图文件完成后，应将施工图报有资质的设计审查机构审查，并报行业主管部门备案。

(3)编制施工图预算。聘请有预算资质的单位编制施工图预算。

5. 建设准备阶段

(1)编制项目投资计划书，并按现行的建设项目审批权限进行报批。

(2)建设工程项目报建备案。省重点建设项目、省批准立项的涉外建设项目及跨市、州的大中型建设项目，由建设单位向省人民政府建设行政主管部门报建。其他建设项目按隶属关系由建设单位向县以上人民政府建设行政主管部门报建。

(3)建设工程项目招标。业主自行招标或通过比选等竞争性方式择优选择招标代理机构；通过招标或比选等方式择优选定设计单位、勘察单位、施工单位、监理单位和设备供货单位，签订设计合同、勘察合同、施工合同、监理合同和设备供货合同。

1)项目核准。发改部门根据项目情况和国家规定，对项目的招标范围、招标方式、招标组织形式、发包初步方案等进行核准。

2)比选代理机构。发改部门核准的招标组织形式为委托招标方式的，按照《吉林省国家投资工程建设项目招标代理机构比选办法》的规定通过比选等竞争性方式确定招标代理机构，并按照规定将《委托招标代理合同》报招标行政管理部门备案(项目总投资在5 000万元以上的政府投资项目实行公开比选，项目总投资在5 000万元以下的政府投资项目，所有非政府投资项目但按《吉林省国家投资工程建设项目招标投标条例》规定属于国家投资工程的建设项目实行邀请比选)。

3)发布招标公告。公开招标是在指定媒介上发布招标公告；邀请招标的发送招标邀请函，并在发布前5日将招标公告向发改部门和招标行政管理部门备案。

4)编制招标文件，并在发售日前5个工作日报发改部门和招标行政管理部门备案。

5)发售招标文件。例如，在南充市国家投资工程交易中心发售招标文件和图纸，发售时间不得少于5个工作日，从发售招标文件至投标截止日不少于20天，招标文件补充澄清或修改的，须在开标日15日前通知所有投标人。

6)开标。在市国家投资工程交易中心，在行政监督部门的监督下依法进行。

7)评标、定标。由在《评标专家库》随机抽取评标专家组成评标委员会进行评标，并根据评标结果确定中标候选人。

8)中标候选人公示。招标人将《评标报告》和中标候选人的公示文本送到发改部门和招标行政管理部门备案后公示；公示期为5个工作日。

9)中标通知。公示期满后15个工作日或投标有效期满30个工作日内确定中标人，并发出中标通知书。

10)签订合同。自中标通知书发出之日起30日内依照招标文件签订书面合同。

11)中标备案。自发出中标通知书之日起15日内向发改部门和招标行政管理部门书面报告招标投标情况。

6. 建设实施阶段

(1)开工前准备。项目在开工建设之前要切实做好以下准备工作：

1)征地、拆迁和场地平整。

2)完成“三通一平”即通路、通电、通水，修建临时生产和生活设施。

3)组织设备、材料订货，做好开工前准备。包括计划、组织、监督等管理工作的准备，以及材料、设备、运输等物质条件的准备。

4)准备必要的施工图纸。新开工的项目必须至少有三个月以上的工程施工图纸。

(2)办理工程质量监督手续。持施工图设计文件审查报告和批准书，中标通知书和施工、监理合同，建设单位、施工单位和监理单位工程项目的负责人和机构组成，施工组织设计和监理规划(监理实施细则)等资料在工程质量监督机构办理工程质量监督手续。

(3)办理施工许可证。向工程所在地的县级以上人民政府建设行政主管部门办理施工许可证。工程投资额在30万元以下或者建筑面积在300 m^2以下的建筑工程，可以不申请办理施工许可证。

(4)项目开工前审计。审计机关在项目开工前，对项目的资金来源是否正当、落实，项目开工前的各项支出是否符合国家的有关规定，资金是否按有关规定存入银行专户等进行审计。建设单位应向审计机关提供资金来源及存入专业银行的凭证、财务计划等有关资料。

(5)报批开工。按规定进行了建设准备并具备了各项开工条件以后，建设单位向主管部门提出开工申请。建设项目经批准新开工建设，项目即进入了建设实施阶段。项目新开工时间是指建设项目设计文件中规定的任何一项永久性工程(无论生产性或非生产性)第一次正式破土开槽开始施工的日期。不需要开槽的工程，以建筑物的正式打桩作为正式开工。公路、水库需要进行大量土石方工程的，以开始进行土方、石方工程作为正式开工。

7. 竣工验收阶段

竣工验收的范围和标准根据国家现行规定，凡新建、扩建、改建的基本建设项目和技术改造项目，按批准的设计文件所规定的内容建成，符合验收标准的，必须及时组织验收，并办理固定资产移交手续。

(1)竣工验收的要求。

1)项目已按设计要求完成，能满足生产使用；

2)主要工艺设备配套设施经联动负荷试车合格，形成生产能力，能够生产出设计文件所规定的产品；

3)生产准备工作能适应投产需要；环保设施、劳动安全卫生设施、消防设施已按设计要求与主体工程同时建成使用。

(2)申报竣工验收的准备工作。竣工验收依据：批准的可行性研究报告、初步设计、施工图和设备技术说明书、现场施工技术验收规范以及主管部门有关审批、修改、调整文件等。建设单位应认真做好以下竣工验收的准备工作：

1)整理工程技术资料。各有关单位(包括设计、施工单位)将以下资料系统整理，由建设单位分类立卷，交生产单位或使用单位统一保管：①工程技术资料，主要包括土建方面、安装方面及各种有关的文件、合同和试生产的情况报告等；②其他资料，主要包括项目筹建单位或项目法人单位对建设情况的总结报告、施工单位对施工情况的总结报告、设计单位对设计情况的总结报告、监理单位对监理情况的总结报告、质监部门对质监评定的报告、财务部门对工程财务决算的报告、审计部门对工程审计的报告等资料。

2)绘制竣工图纸。与其他工程技术资料一样，竣工图纸是建设单位移交生产单位或使用单位的重要资料，是生产单位或使用单位必须长期保存的工程技术档案，也是国家的重要技术档案。竣工图必须准确、完整、符合归档要求，方能交付验收。

3)编制竣工决算。建设单位必须及时清理所有财产、物资和未用完的资金或应收回的资金，编制工程竣工决算，分析预(概)算执行情况，考核投资效益，报主管部门审查。

4)竣工审计。审计部门进行项目竣工审计并出具审计意见。

(3)竣工验收程序。

1)根据建设项目的规模大小和复杂程度，整个项目的验收可分为初步验收和竣工验收两个阶段进行。规模较大、较为复杂的建设项目，应先进行初验，然后进行全部项目的竣工验收。规模较小、较简单的项目可以一次进行全部项目的竣工验收。

2)建设项目在竣工验收之前，由建设单位组织施工、设计及使用等单位进行初验。初验前由施工单位按照国家规定，整理好文件、技术资料，向建设单位提出交工报告。建设单位接到报告后，应及时组织初验。

3)建设项目全部完成，经过各单项工程的验收，符合设计要求，并具备竣工图表、竣工决算、工程总结等必要文件资料，由项目主管部门或建设单位向负责验收的单位提出竣工验收申请报告。

(4)竣工验收的组织。竣工验收一般由项目批准单位或委托项目主管部门组织。竣工验收委员会或验收组由环保、劳动、统计、消防及其他有关部门组成，建设单位、施工单位、勘察设计单位参加验收工作。验收委员会或验收组负责审查工程建设的各个环节，听取各有关单位的工作报告，审阅工程档案资料并实地查验建筑工程和设备安装情况，并对工程设计、施工和设备质量等方面作出全面的评价。不合格的工程不予验收；对遗留问题提出具体解决意见，限期落实完成。

8. 后评价阶段

后评价阶段是指国家对一些重大建设项目，在竣工验收若干年后进行后评价。这主要是为了总结项目建设成功和失败的经验教训，供以后项目决策借鉴。

1.1.4 建筑工程计价特点

建设工程造价一般是指进行某项工程建设所花费(指预期花费或实际花费)的全部费用，即该建设项目(工程项目)有计划地进行固定资产再生产和形成相应的无形资产和铺底流动资金的一次性费用总和。

1. 工程造价计价的特点

基本建设是一项特殊的生产活动，它区别于一般工农业生产，具有以下特点：周期长、物耗大；涉及面广和协作性强；建设地点固定，水文地质条件各异；生产过程单一性强，不能批量生产等。由于建设工程产品的这种特点和工程建设内部生产关系的特殊性，决定了工程产品造价不同于一般工农业产品的计价特点。

(1)单件性计价。每个建设工程项目都有特定的目的和用途，由此就会有不同的结构、造型和装饰，具有不同的建筑面积和体积，建设施工时还可采用不同的工艺设备、建筑材料和施工工艺方案。因此，每个建设项目一般只能单独设计、单独建设。即使是相同用途和相同规模的同类建设项目，由于技术水平、建筑等级和建筑标准的差别，以及地区条件、自然环境和风俗习惯的不同也会有很大区别，最终导致工程造价的千差万别。所以，对于建设工程既不能像工业产品那样按品种、规格和质量成批定价，只能是单件计价，也不能由国家、地方、企业规定统一的造价，只能按各个项目规定的建设程序计算工程造价。建筑产品的个体差别性决定了每项工程都必须单独计算造价。

(2)多次性计价。建设工程的生产过程是一个周期长、规模大、造价高、物耗多的投资生产活动，必须按照规定的建设程序分阶段进行建设，才能按时、保质、有效地完成建设项目。为了适应项目管理的要求，适应工程造价控制和管理的要求，需要按照建设程序中各个规划设计和建设阶段多次性进行计价。从图 1-2 可见，从投资估算、设计概算、施工图预算等预期造价到承包合同价、结算价和最后的竣工决算价等实际造价，是一个由粗到细，由浅入深，最后确定建设工程实际造价的整个计价过程。这是一个逐步深化、逐步细化和逐步接近实际造价的过程。

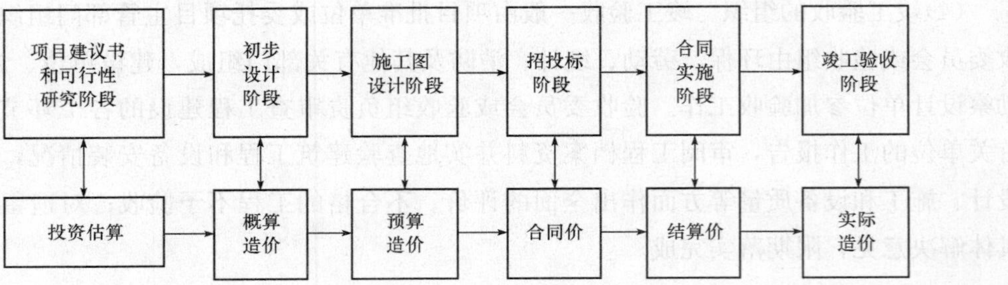

图 1-2　工程多次计价示意图

(3)按工程构成的分部组合计价。工程造价的计算是分部组合而成，这一特征和建设项目的组合性有关。按照国家规定，工程建设项目根据投资规模大小可划分为大、中、小型项目，而每一个建设项目又可按其生产能力和工程效益的发挥以及设计施工范围大小逐级分解为单项工程、单位工程、分部工程和分项工程，如图 1-1 所示。建设项目的组合性决定了工程造价计价的过程是一个逐步组合的过程。在确定工程建设项目的设计概算和施工图预算时，则需按工程构成的分部组合由下而上地计价。就是要先计算各单位工程的概(预)算，再计算各单项工程的综合概(预)算，再汇总成建设项目的总概(预)算。而且单位工程的工程量和施工图预算一般是按分部工程、分项工程采用相应的定额单价、费用标准进行计算。这就是采用对工程建设项目由大到小进行逐级分解，再按其构成的分部由小到大逐步组合计算出总的项目工程造价。其计算过程和计算顺序是：分部分项工程单价→单位工程造价→单项工程造价→建设项目总造价。

2. 工程造价多次计价的依据和作用

(1)在编制项目建议书和可行性研究报告时，确定项目的投资估算，一般可按规定的投资估算指标、类似工程的造价资料、现行的设备材料价格并结合工程实际情况进行估算。在此阶段预计和核定的工程预期造价称为估算造价。投资估算是判断项目可行性和进行项目决策的重要依据之一，并作为工程造价的目标限额，是控制初步设计概算和整个工程造价的限额，也是作为编制投资计划、资金筹措和申请贷款的依据。

(2)在初步设计阶段，总承包设计单位要根据初步设计的总体布置、工程项目、各单项工程的主要结构和设备清单，采用有关概算定额或概算指标和费用标准等编制建设项目的设计总概算。它包括项目从筹建到竣工验收的全部建设费用。初步设计阶段的总概算(或技术设计阶段因设计变更编制的总修正概算)所预计和核定的建设工程预期造价称为概算造价。经过批准的设计总概算是建设项目造价控制的最高限制(或修正总概算是建设项目修正总投资的最高限额)，不得超过已批准的可行性研究报告投资估算的10%，否则应重新报批。它是确定建设项目总造价，签订建设项目承包总合同和贷款总合同的依据，也是控制施工图预算及考核设计经济合理性的依据。

(3)在建筑安装工程开工前的施工图设计阶段，由设计单位根据施工图确定的工程量，套用有关预算定额单价、间接费取费率和计划利润率等编制施工图预算。这阶段所预计和核定的建设工程预期造价称为预算造价。

(4)在签订建设项目承包和采购合同(如工程项目总承包合同、建筑安装工程承包合同和设备材料采购合同)，以及技术和咨询服务合同时，需要对设备材料价格发展趋势进行分析和预测，并通过招标投标，由发包和承包两方共同确定工程项目的合同价。它是由发包方按规定(或协议条款约定)的各种取费标准计算的，用以支付给承包方完成合同规定的全部工程内容的价款总额，并作为双方结算的基础。合同价属于市场价格性质，是由发承包双方根据市场行情共同议定和认可的成交价格。

1.2 建筑工程计价方式

1.2.1 建筑工程计价方式简介

1. 计价方式的概念

工程造价计价方式是指根据不同的计价原则、计价依据、造价计算方法、计价目的确定工程造价的计价方法。确定工程造价的方式包括按市场经济规则计价和按计划经济规则计价两种。确定工程造价的计价依据主要包括：概算指标、概算定额、预算定额、企业定额、建设工程工程量清单计价规范、工料机单价、利税率、间接费费率、设计方案、初步设计、施工图、竣工图和施工方案等。确定工程造价的主要方法有：建设项目评估、设计概算、施工图预算、工程量清单报价、竣工结算等。在工程建设的不同阶段，其有着不同的计价目的。

2. 计价方式的分类

(1)按经济体制可以分为以下两类：

1)计划经济体制下的计价方式。计划经济体制下的计价方式是指以国家行政主管部门统一颁发的概算指标、概算定额、预算定额、费用定额等为依据，按照国家行政主管部门规定的计算程序、取费项目和计算方法确定工程造价的计价方法。

2)市场经济体制下的计价方式。市场经济的重要特征是具有竞争性。当建筑工程标的物及有关条件明确后，通过公开竞价来确定工程造价和承包商，这种方式符合市场经济的基本规律。根据建设工程工程量清单计价规范，采用清单计价方式，通过招标投标来确定工程造价，体现了市场经济规律的基本要求。因此，工程量清单计价是较典型的市场经济体制下的计价方式。

(2)按编制依据可以分为以下两类：

1)定额计价。定额计价方式是指采用国家行政主管部门统一颁发的定额和计算程序以及工料机指导价确定工程造价的计价方法。

2)清单计价。清单计价方式是指按照《建设工程工程量清单计价规范》(GB 50500—2013)(以下简称“计价规范”)，根据招标文件发布的工程量清单和企业自身的条件，自主选择消耗量定额、工料机单价和有关费率确定工程造价的计价方法。

定额计价与清单计价的区别如下：

1)两种模式的主要计价依据及性质不同。工程定额计价模式主要依据国家、省、有关专业部门制定的各种定额，而工程量清单计价模式主要依据为“计价规范”，其性质是含有强制性条文的国家标准。其中，最重要的是定额的项目划分按施工工序分项比较细致，清单项目划分是按“综合实体”进行划分的，每个分项可包含多个施工内容，可理解为定额项汇总得到一个实体完整的清单项。

2)单价与报价的组成不同。定额计价方法的单价包括人工费、材料费、施工机具使用费，而清单计价方法采用综合单价，它包含人工费、材料费、机械使用费、管理费、利润，并考虑风险因素。

3)编制主体不同。清单由招标人统一计算并委托造价公司统一计算，然后投标人根据自身的实力自主填写单价和合价。而定额计价方法中，建设工程的工程量由招标人和投标人分别按图纸计算。

4)合同调整的方式不同。定额方法形成的合同价格，主要调整方式有变更签证、定额解释和政策性调整。而清单计价方法在一般情况下单价相对固定，通常情况下，如果清单项目的数量没有增减，能够保证合同价格基本没有调整，保证了其稳定性。根据以上分析，定额计价与清单计价的区别详见表 1-2。

表 1-2　定额计价与清单计价的区别

序号	对比内容	定额计价	清单计价
1	计价组成的费用	由人工费、施工机具使用费、材料费、企业管理费、利润、规费和税金构成。计价时先计算人工费、施工机具使用费、材料费，再以该三项费用（或其中的人工费）为基数计算各项费用汇总为单位工程造价	由工程量清单费用（$=\sum$ 清单工程量×项目综合单价）、措施项目清单费用、其他项目清单费用、规费、税金五部分构成单位工程造价。实体与非实体费用分开列项
2	分项工程单价构成	分项工程的单价是工料单价，即只包括人工、材料、机械费	分项工程单价一般为综合单价，除了人工、材料、机械费，还要包括管理费（现场管理费和企业管理费）、利润和必要的风险费
3	计价依据	定额计价的唯一依据就是定额	工程量清单计价的主要依据是企业定额，包括企业生产要素消耗量标准、材料价格、施工机械配备及管理状况、各项管理费支出标准等。只是现阶段有企业定额的施工企业屈指可数，基本上参照计价定额调整成适合企业自身需要的报价
4	工程施工造价风险	全部由发包人承担	分别承担各自风险，发包人承担招标的工程量风险和部分市场风险；承包人承担自身技术和管理风险，并有限地承担市场风险
5	运用范围	各种投资均可使用，现阶段国有投资或以国有投资为主的项目不能使用	国有投资或以国有投资为主的项目必须使用，其他投资的项目可以使用，一旦使用就必须执行《建设工程工程量清单计价规范》（GB 50500—2013）的有关规定
6	竞争方面	执行定额和相关配套文件，价格都是一个标准，不存在竞争问题	在项目编码、项目名称、项目特征、计量单位、工程量计算规则统一的前提下，进行价格竞争、施工方案竞争
7	通用性方面	各个省市定额不一致，其适用范围只能在本地区	全国都按照《建设工程工程量清单计价规范》（GB 50500—2013）执行计价，同时与国际惯例接轨
8	计价方式	量价合一（定额"量""价"合一，是整个投资主体造成的，计划经济的投资主体基本上是国家，而且施工单位大部分也是国家的，量价合一可以更好地控制和计算投资的费用。合一的好处就是反映成本，以便于更好地控制成本）	量价分离（量是指预算定额中的实物消耗量标准，这个标准是相对稳定的。价是指人工、材料和机械的预算价格，这个是随市场而变化的，以及根据预算价格和实物消耗量标准计算得出的定额直接费单价，其单价也随市场变化而变动）

续表

序号	对比内容	定额计价	清单计价
9	采用的计价模式	采用工料单价法，工料单价法是指以分部分项工程量乘以单价后的合计直接工程费，直接工程费以人工、材料、机械的消耗量及其相应的价格确定；间接费、利润和税金按照有关规定另行计算	采用综合单价法，综合单价是指完成规定计量单位项目所需的人工费、材料费、机械使用费、管理费、利润，并考虑风险因素，是除措施项目费、其他项目费、规费和税金的全费用单价
10	反映的成本价	反映的是社会平均成本	反映的是个别成本，结算时按合同中事先约定综合单价的规定执行，综合单价基本上是固定不变的
11	计价项目的划分	项目划分按施工工序列项，实体和措施相结合，施工方法、手段单独列项，人工、材料、机械消耗量已在定额中规定	项目划分以实体列项，实体和措施项目相分离，施工方法、手段不列项，不设人工、材料、机械消耗量
12	工程量计算规则	工程量是按实物加上人为规定的预留量或操作难度等因素。计量单位可以不采用基本单位	清单项目的工程量是按实体的净值计算，这是当前国际上比较通行的做法。清单项目是按基本单位计量

定额计价与清单计价的联系如下：

1)《建设工程工程量清单计价规范》(GB 50500—2013)中清单项目的设置，参考了全国统一定额的项目划分，注意了使清单计价项目设置与定额计价项目设置衔接，以便于推广工程量清单计价模式使用。

2)《建设工程工程量清单计价规范》(GB 50500—2013)附录中的"工程内容"基本上取自原定额项目(或子母)设置的工作内容，它是综合单价的组价内容。

3)工程量清单计价：企业需要根据自己的企业实际消耗成本报价，在目前多数企业没有企业定额的情况下，现行全国统一定额或各地区建设主管部门发布的计价定额可作为重要参考。所以，工程量清单的编制与计价同定额有着密不可分的联系。

(3)按不同阶段发挥的作用分可以分为以下两类：

1)在招标投标阶段发挥作用。工程量清单计价方式一般在工程招标投标中确定中标价和中标人时发挥作用。

2)在工程造价控制的各个阶段发挥作用。定额计价方式确定工程造价，在建设工程项目的决策阶段、设计阶段、招标投标阶段、施工阶段、竣工验收阶段均发挥作用。

因此，定额计价方式在工程造价控制的各个阶段都发挥作用。

1.2.2 影响建筑工程价格的基本要素

目前，我国项目企业的工程造价体系已经初步形成，由于其资金投入的途径、方式以及来源不同，故其间接涵盖了多方面。下面我们就几个重要方面对建筑工程造价的影响进行详细分析。

1. 政策性影响因素

由于我国的项目企业在市场经济自发调节的同时还要接受政府的宏观管理，故政府法规条例的变更或政策的出台对其发展方向或项目决策有着直接的影响。政府对项目企业的管理往往使建筑工程造价活动面临一些约束，如人工费用的科学与否，台班费用是否合理，定额单价是否精确等，这些对建筑工程造价都有直接或间接的影响。因此，在进行建筑工程造价前必须合理分析建筑工程市场中人员、材料、机械、工艺等的市场价格走向，以期尽可能合理地预估未来时间段内建筑市场的变化情况，从而更加合理地进行建筑工程造价，为建筑工程的实践施工提供合理的造价评估，发挥出建筑工程造价对建筑工程建设的真实有效价值。

2. 政策因素

政策对建筑工程造价的影响极为重要，在规模和影响力较大的建筑工程中，及时、准确地关注相关行政部门出台的政策，不仅能够有效规避行政政策对建筑工程造成的负面影响，还可能借助行政政策中有利部分为建筑工程提供方便，为建筑工程建设中增添助力和减少阻力，从而节约建筑工程中相关公关费用的消耗。具体在建筑造价实践中，要根据相关政策严格管理设备台班费用、人工费用和定额单价等问题，从而有利于规避行政政策对建筑工程实践造成的不良影响；而合理争取相关行政政策给予建筑工程提供的优惠条件或扶持措施，则可以帮助建筑工程降低开支，提高工程项目的社会价值，有利于建筑工程整体价值的高效实现。

3. 施工因素

施工要素是影响工程造价的要素中影响最大也是不确定性最大的一个要素。施工是基于设计图纸的规划进行的，施工的每一个步骤都需要事前设计好再进行。但是，在实际施工的过程中，总会有一些突发事件影响到施工的进程。为此，要制订应对突发事件的工作预案。一旦突发意外，就可以立刻采取备用方案，进而保证施工的进度。因此，解决好施工这一影响要素不仅对完成建筑工程有着重要的作用，而且也能够确保工程造价保持在正常的区间之内。

4. 人为影响因素

在影响建筑工程造价的因素中，人为影响因素是其中最为直接且十分重要的一个因素。工程造价工作具有非常广阔的涉及面，这就使得其自身的工作内容较为复杂，需要由设计、施工以及造价等多方面的工作人员来进行共同协作。建设各方应配备责任心强、专业能力过硬的造价师或造价员进行关键环节的管理，确保工程造价真实有效，科学合理。因此，建设各方其中任何一方的工作人员出现缺乏责任心或不具备专业性技术等情况，都会严重影响到建筑工程造价，进而对整个建筑工程建设的经济效益产生不利影响。

5. 设计因素

建筑工程设计方面的因素主要涵盖建筑工程图纸设计因素和设计人员的因素这两个方面。

(1)建筑工程图纸设计因素。设计建筑工程的图纸是一种整体化预设措施，建筑工程的造价关键是以该设计图纸和预想作为基本依据。所以，建筑工程的图纸设计是影响建筑工程造价的关键因素。一般情况下，为了保证建筑工程的预算保持稳定状态，一旦确定建筑工程图纸后就不能够随意更改。然而在实际的建筑工程施工中往往会由于不充分的预想而导致设计发生变更，从而会对建筑工程预算产生一些影响。

(2)建筑工程设计人员因素。建筑工程的设计过程中，设计人员的专业素养会较大程度地影响建筑工程造价，在建筑工程的设计过程中，设计人员不但要拥有非常高的专业技术水平，而且还需要完全了解其所设计的建筑工程和该工程的设计目的，熟悉建筑工程的造价体系理论，拥有丰富的建筑工程施工经验，在保证建筑工程整体质量的标准上确定科学合理的建筑工程造价。

小　结

不同的建设阶段对应不同的计价文件，本单元通过介绍基本建设的概念、程序，基本建设项目的划分及建筑工程计价文件的分类，引出建筑工程计价文件与基本建设之间的关系。

决定建筑工程价格的基本要素有两个，即实物工程数量和相应的单位价格。"量"和"价格"确定的方式、方法不同，带来了两种不同的计价模式，即"工程量清单计价"和"定额计价"，本单元简介了两种计价方式的概念、计价方法及两种计价方式的区别和联系。

习　题

1. 简述基本建设的程序。
2. 简述建筑工程计价的特点。
3. 论述工程量清单计价与定额计价的区别与联系。

单元 2　工程量清单的编制

学习目标

通过本单元的学习、训练，要求学生熟悉《建设工程工程量清单计价规范》的组成，并能运用《建设工程工程量清单计价规范》进行工程量清单的编制。

2.1 《建设工程工程量清单计价规范》(GB 50500—2013)简介

《建设工程工程量清单计价规范》(GB 50500—2013)(以下简称"计价规范")，自 2013 年 7 月 1 日起实施。原《建设工程工程量清单计价规范》(GB 50500—2008)同时废止。

2.1.1 "计价规范"的特点

1. 强制性

"计价规范"的强制性主要表现在：一是由建设主管部门按照国家强制性标准的要求批准发布，规定全部使用国有资金投资或国有资金投资为主的工程建设项目必须采用工程量清单计价；二是明确工程量清单必须作为招标文件的组成部分，其准确性和完整性由招标人负责，规定招标人在编制分部分项工程量清单时应包括的五个要件，并明确安全文明施工费、规费和税金应按国家或省级、行业建设主管部门的规定计算，不得作为竞争性费用，为建立全国统一的建设市场和规范计价行为提供了依据。规范中黑体字标志的条文为强制性条文，必须严格执行。

建设工程工程量清单计价规范

2. 统一性

"计价规范"的统一性主要表现在四统一，即项目编码统一、项目名称统一、计量单位统一、工程量计算规则统一。

3. 竞争性

"计价规范"的竞争性主要表现在：一是"计价规范"中规定，招标人提供工程量清单，投标人依据招标人提供的工程量清单自主报价；二是"计价规范"中没有人工、材料和施工机械消耗量，投标企业既可以依据企业定额和市场价格信息，也可以参照建设主管部门发布的社会平均消耗量定额，按照“计价规范”规定的原则和方法进行投标报价。将报价权交给了企业，必然促使企业提高管理水平，引导企业学会编制自己的消耗量定额，适应市场竞争投标报价的需求。

4. 实用性

“计价规范”的实用性主要表现在：附录中工程量清单项目及计算规则的项目名称表现的是工程实体项目，项目名称明确清晰，工程量计算规则简洁明了，特别是还列有项目特征和工程内容，编制工程量清单时易于确定具体项目名称，也便于投标人投标报价。“计价规范”可操作性强，方便使用。

5. 通用性

“计价规范”的通用性主要表现在：一是“计价规范”中对工程量清单计价表格规定了统一的表达格式，这样不同省市、不同地区和行业在工程施工招投标过程中，互相竞争就有了统一的标准，利于公平、公正竞争；二是“计价规范”编制考虑了与国际惯例接轨，工程量清单计价是国际上通行的计价方法，“计价规范”的规定，符合工程量计算方法标准化、工程量计算规则统一化、工程造价确定市场化的要求。

2.1.2 “计价规范”的组成

“计价规范”由正文和附录两部分组成，其中正文包括总则、术语、一般规定、工程量清单编制、招标控制价、投标报价、合同价款约定、工程计量、合同价款调整、合同价款期中支付、竣工结算与支付、合同解除的价款结算与支付、合同价款争议的解决、工程造价鉴定、工程计价资料与档案、工程计价表格。

1. 总则

总则规定了“计价规范”的编制目的、编制依据、适用范围，工程量清单计价活动应遵循基本原则等基本事项。

(1)编制目的。“计价规范”的目的是为规范建设工程造价计价行为，统一建设工程计价文件的编制原则和计价方法。

(2)编制依据。“计价规范”的编制依据是《中华人民共和国建筑法》《中华人民共和国合同法》《中华人民共和国招标投标法》等法律法规。

(3)适用范围。“计价规范”适用于建设工程发承包及实施阶段的计价活动。

国有投资的资金工程建设项目包括国有投资的资金工程建设项目和国家融资资金投资的工程建设项目。

1)国有资金投资工程建设项目包括：

①使用各级财政预算资金的项目。

②使用纳入财政管理的各种政府性专项建设资金的项目。

③使用国有企事业单位自有资金，并且国有投资者实际又有控制权的项目。

2)国家融资资金投资的工程建设项目包括：

①使用国家发行债券所筹资金的项目。

②使用国家对外借款或者担保所筹资金的项目。

③使用国家政策性贷款的项目。

④国家授权投资主体融资的项目。

⑤国家特许的融资项目。

(4)工程量清单计价活动应遵循的原则。建设工程发承包及实施阶段的计价活动除应遵循客观、公正、公平的原则，还应符合“计价规范”和国家现行有关标准的规定。

2. 术语

术语对“计价规范”中特有名词给予定义。

(1)工程量清单。工程量清单是指载明建设工程的分部分项工程项目、措施项目、其他项目的名称和相应数量以及规费、税金项目等内容的明细清单。

(2)招标工程量清单。招标工程量清单是指招标人依据国家标准、招标文件、设计文件以及施工现场实际情况编制的，随招标文件发布供投标报价的工程量清单，包括其说明和表格。

(3)已标价工程量清单。已标价工程量清单是指构成合同文件组成部分的投标文件中已标明价格，经算术性错误修正(如有)且承包人已确认的工程量清单，包括其说明和表格。

(4)综合单价。综合单价是指完成一个规定清单项目所需的人工费、材料和工程设备费、施工机具使用费和企业管理费、利润以及一定范围内的风险费用。

(5)工程量偏差。工程量偏差是指承包人按照合同工程的图纸(含经发包人批准由承包人提供的图纸)实施，按照现行国家计量规范的工程量计算规则计算得到的完成合同工程项目应予计量的工程量与相应的招标工程量清单项目列出的工程量之间出现的量差。

(6)暂列金额。暂列金额是指招标人在工程量清单中暂定并包括在合同价款中的一笔款项。其用于工程合同签订时尚未确定或者不可预见的所需材料、工程设备、服务的采购，施工中可能发生的工程变更、合同约定调整因素出现时的工程价款调整以及发生的索赔、现场签证确认等的费用。

(7)暂估价。暂估价是指招标人在工程量清单中提供的用于支付必然发生但暂时不能确定价格的材料、工程设备的单价以及专业工程的金额。

(8)计日工。计日工是指在施工过程中，承包人完成发包人提出的工程合同范围以外的零星项目或工作，按合同中约定的单价计价的一种方式。

(9)总承包服务费。总承包服务费是指总承包人为配合协调发包人进行的专业工程发包，对发包人自行采购的工程设备、材料等进行保管以及施工现场管理、竣工资料汇总整理等服务所需的费用。

(10)安全文明施工费。安全文明施工费是指在合同履行过程中，承包人按照国家法律、法规、标准等规定，为保证安全施工、文明施工，保护现场内外环境和搭拆临时设施等所采用的措施而发生的费用。

(11)索赔。索赔是指在工程合同履行过程中，合同当事人一方因非己方的原因而遭受损失，按合同约定或法律法规规定应由对方承担责任，从而向对方提出补偿的要求。

(12)现场签证。现场签证是指发包人(或其授权的监理人、工程造价咨询人)现场代表与承包人现场代表就施工过程中涉及的责任事件所作的签认证明。

(13)提前竣工(赶工)费。提前竣工(赶工)费是指承包人应发包人的要求，采取加快工程进度的措施，使合同工程工期缩短产生的应由发包人支付的费用。

(14)误期赔偿费。误期赔偿费是指承包人未按照合同工程的计划进度施工，导致实际工期超过合同工期(包括经发包人批准的延长工期)，承包人应向发包人赔偿损失的费用。

(15)企业定额。企业定额是指施工企业根据本企业的施工技术、机械装备和管理水平而编制的人工、材料和施工机械台班等的消耗标准。

(16)规费。规费是指根据国家法律、法规规定，由省级政府或省级有关权力部门规定施工企业必须缴纳的，应计入建筑安装工程造价的费用。

(17)税金。税金是指国家税法规定的应计入建筑安装工程造价内的增值税、城市维护建设税、教育费附加和地方教育附加等。

(18)发包人。发包人是指具有工程发包主体资格和支付工程价款能力的当事人以及取得该当事人资格的合法继承人，“计价规范”有时又称招标人。

(19)承包人。承包人是指被发包人接受的具有工程施工承包主体资格的当事人以及取得该当事人资格的合法继承人，“计价规范”有时又称投标人。

(20)工程造价咨询人。工程造价咨询人是指取得工程造价咨询资质等级证书，接受委托从事建设工程造价咨询活动的当事人以及取得该当事人资格的合法继承人。

(21)造价工程师。造价工程师是指取得造价工程师注册证书，在一个单位注册、从事建设工程造价活动的专业人员。

(22)造价员。造价员是指取得全国建设工程造价员资格证书，在一个单位注册、从事建设工程造价活动的专业人员。

(23)招标控制价。招标控制价是指招标人根据国家或省级、行业建设主管部门颁发的有关计价依据和办法，以及拟定的招标文件和招标工程量清单，综合工程具体情况编制的招标工程的最高投标限价。

(24)投标价。投标价是指投标人投标时响应招标文件要求所报出的对已标价工程量清单汇总后标明的总价。

(25)签约合同价(合同价款)。签约合同价是指发承包双方在工程合同中约定的工程造价，即包括了分部分项工程费、措施项目费、其他项目费、规费和税金的合同总金额。

(26)竣工结算价。竣工结算价是指发承包双方依据国家有关法律、法规和标准规定，按照合同约定确定的，包括在履行合同过程中按合同约定进行的合同价款调整，是承包人按合同约定完成了全部承包工作后，发包人应付给承包人的合同总金额。

3. 一般规定

“计价规范”中的一般规定规定了计价方式和风险。

(1)计价方式。

1)使用国有资金投资的建设工程发承包，必须采用工程量清单计价。

2)工程量清单应采用综合单价计价。

3)非国有资金投资的建设工程，宜采用工程量清单计价。

4)措施项目中的安全文明施工费必须按照国家或省级、行业建设主管部门的规定计价，不得作为竞争性费用。

5)规费和税金应按国家或省级、行业建设主管部门的规定计算，不得作为竞争性费用。

(2)计价风险。

1)建设工程发承包，必须在招标文件、合同中明确计价中的风险内容及其范围，不得采用无限风险、所有风险或类似语句规定计价中的风险内容及其范围。

2)下列影响合同价款的因素出现，应由发包人承担。国家法律、法规、规章和政策发生变化；省级或行业建设主管部门发布的人工费调整但承包人对人工费或人工单价的报价高于发布的除外；由政府定价或政府指导管理的原材料等价格进行了调整。

3)由于市场物价波动影响合同价款，应由发承包双方合理分摊并在合同中约定。合同中没有约定，发承包双方发生争议时，应按“计价规范”中第 9.8.1～9.8.3 条的规定调整合同价款。

4)由于承包人使用机械设备、施工技术以及组织管理水平等自身原因造成施工费用增加的，应由承包人全部承担。

5)当不可抗力发生，影响合同价款时，应按“计价规范”第 9.10 条的规定执行。

4. 工程量清单编制

“计价规范”中规定了工程量清单计价活动的工作范围，其包括分部分项工程清单、措施项目清单、其他项目清单、规费项目清单、税金项目清单。

招标工程量清单应由具有编制能力的招标人或受其委托，具有相应资质的工程造价咨询人编制。招标工程量清单必须作为招标文件的组成部分，其准确性和完整性由招标人负责。招标工程量清单是工程量清单计价的基础，应作为编制招标控制价、投标报价、计算或调整工程量、索赔等的依据之一。

编制招标工程量清单应依据：“计价规范”和相关工程的国家计量规范；国家或省级、行业建设主管部门颁发的计价定额和办法；建设工程设计文件及相关资料；与建设工程有关的标准、规范、技术资料；拟定的招标文件；施工现场情况、地勘水文资料工程特点及常规施工方案；其他相关资料。

(1)分部分项工程项目。

1)分部分项工程量清单必须载明项目编码、项目名称、项目特征、计量单位和工程量。

2)分部分项工程量清单必须根据相关工程现行国家计量规范规定的项目编码、项目名称、项目特征、计量单位和工程量计算规则进行编制。

(2)措施项目。

1)措施项目清单必须根据相关工程现行国家计量规范的规定编制。

2)措施项目清单应根据拟建工程的实际情况列项。

(3)其他项目。

1)其他项目清单应按照下列内容列项：暂列金额；暂估价：包括材料暂估单价、工程设备暂估单价、专业工程暂估价；计日工；总承包服务费。

2)暂列金额应根据工程特点，按有关计价规定估算。

3)暂估价中的材料、工程设备暂估价应根据工程造价信息或参照市场价格估算，列出明因素；专业工程暂估价应分不同专业，按有关计价规定估算，列出明因素。

4)计日工应列出项目名称、计量单位和暂估。

5)出现"计价规范"第 4.4.1 条未列的项目，应根据工程实际情况补充。

(4)规费。

1)规费项目清单应按照下列内容列项：工程排污费；社会保障费：包括养老保险费、失业保险费、医疗保险费、工伤保险费、生育保险费；住房公积金。

2)出现"计价规范"第 4.5.1 条未列的项目，应根据省级政府或省级有关部门的规定列项。

(5)税金。

1)税金项目清单应包括下列内容：增值税；城市维护建设税；教育费附加；地方教育附加。

2)出现"计价规范"第 4.6.1 条未列的项目，应根据税务部门的规定列项。

5. 招标控制价

(1)一般规定。

1)国有资金投资的建设工程招标，招标人必须编制招标控制价。

2)招标控制价超过批准的概算时，招标人应将其报原概算审批部门审核。

3)工程造价咨询人接受招标人委托编制招标控制价，不得再就同一工程接受投标人委托编制投标报价。

4)招标控制价应由具有编制能力的招标人或受其委托具有相应资质的工程造价咨询人编制和复核。

5)招标人应在发布招标文件时公布招标控制价，不应上调或下浮，同时应将招标控制价及有关资料报送工程所在地或该工程管辖权的行业管理部门工程造价管理机构备查。

(2)编制与复核。

1)招标控制价应根据下列依据编制与复核：

①"计价规范"；

②国家或省级、行业建设主管部门颁发的计价定额和计价办法；

③建设工程设计文件及相关资料；

④拟定的招标文件及招标工程量清单；

⑤与建设项目相关的标准、规范、技术资料；

⑥工现场情况、工程特点及常规施工方案；

⑦工程造价管理机构发布的工程造价信息，当工程造价信息没有发布时，参照市场价；

⑧其他的相关资料。

2)综合单价中应包括拟定的招标文件中要求投标人承担的风险费用。拟定的招标文件没有明确的，如是工程造价咨询人编制，应提请招标人明确；如是招标人编制，应予明确。

3)措施项目中的总价项目根据拟定的招标文件和常规施工方案按“计价规范”第 3.1.4 和第 3.1.5 条的规定计价。

4)其他项目费应按下列规定计价：

①暂列金额应按招标工程量清单中列出的金额填写；

②暂估价中的材料、工程设备单价应按招标工程量清单中列出的单价计入综合单价；

③暂估价中的专业工程金额应按招标工程量清单中列出的金额填写；

④计日工应按招标工程量清单中列出的项目根据工程特点和有关计价依据确定综合单价计算；

⑤总承包服务费应根据招标工程量清单列出的内容和要求估算；

5)规费和税金应按“计价规范”第 3.1.6 条的规定计算。

(3)投诉与处理。

1)投标人经复核认为招标人公布的招标控制价未按照“计价规范”的规定进行编制的，应当在招标控制价公布后 5 天内向招投标监督机构和工程造价管理机构投诉。

2)投诉人投诉时，应当提交书面投诉书，应包括以下内容：

①投诉人与被投诉人的名称、地址及有效联系方式；

②投诉的招标工程名称、具体事项及理由；

③相关请求及主张。

投诉书必须由单位盖章和法定代表人或其委托人的签名或盖章。

3)投诉人不得进行虚假、恶意投诉，阻碍招投标活动的正常进行。

4)工程造价管理机构在接到投诉书后应在 2 个工作日内进行审查，对有下列情况之一的，不予受理：

①投诉人不是所投诉招标工程的投标人。

②投诉书提交的时间不符合“计价规范”第 5.3.1 条规定的。

③投诉书不符合“计价规范”第 3.5.2 条规定的。

5)工程造价管理机构应在不迟于结束审查的次日将受理情况书面通知投诉人、被投诉人以及负责该工程招投标监督的招投标管理机构。

6)工程造价管理机构受理投诉后，应立即对招标控制价进行复查，组织投诉人、被投诉人或其委托的招标控制价编制人等单位人员对投诉问题逐一核对。有关当事人应当予以配合，并保证所提供资料的真实性。

7)工程造价管理机构应当在受理投诉的10天内完成复查(特殊情况下可适当延长)，并作出书面结论通知投诉人、被投诉人及负责该工程招投标监督的招投标管理机构。

8)当招标控制价复查结论与原公布的招标控制价误差>±3%的，应当责成招标人改正。

9)招标人根据招标控制价复查结论，需要重新公布招标控制价的，其最终招标控制价的发布时间至投标截止时间不足十五天的，应相应延长投标文件的截止时间。

6. 投标报价

(1)一般规定。

1)投标价应由投标人或受其委托具有相应资质的工程造价咨询人编制。

2)投标人应依据“计价规范”第6.2.1的规定自主确定报价成本。

3)投标报价不得低于工程成本。

4)投标人应按招标工程量清单填报价格。项目编码、项目名称、项目特征、计量单位、工程量必须与招标工程量清单一致。

5)投标人的投标报价高于招标控制价的，应予以废标。

(2)编制与复核。

1)投标报价应根据下列依据编制和复核：“计价规范”；国家或省级、行业建设主管部门颁发的计价办法；企业定额，国家或省级、行业建设主管部门颁发的计价定额和计价办法；招标文件、招标工程量清单及其补充通知、答疑纪要；建设工程设计文件及相关资料；施工现场情况、工程特点及拟定的施工组织设计或施工方案；与建设项目相关的标准、规范等技术资料；市场价格信息或工程造价管理机构发布的工程造价信息；其他的相关资料。

2)分部分项工程和措施项目中的单价项目，应根据招标文件和招标工程量清单中的特征描述确定综合单价计算。

3)措施项目中的总价项目金额应根据招标文件及投标时拟定的施工组织设计或施工方案，按“计价规范”第3.1.4条的规定自主确定。其中安全文明施工费应按照“计价规范”第3.1.5条的规定确定。

4)其他项目费应按下列规定报价：

①暂列金额应按招标工程量清单中列出的金额填写；

②材料、工程设备暂估价应按招标工程量清单中列出的单价计入综合单价；

③专业工程暂估价应按招标工程量清单中列出的金额填写；

④计日工应按招标工程量清单中列出的项目和数量，自主确定综合单价并计算计日工金额；

⑤总承包服务费应根据招标工程量清单中列出的内容和提出的要求自主确定。

5)规费和税金应按“计价规范”第3.1.6条的规定确定。

6)招标工程量清单与计价表中列明的所有需要填写的单价和合价的项目，投标人均应填写且只允许有一个报价。未填写单价和合价的项目，视为此项费用已包含在已标价工程量清单中其他项目的单价和合价之中。竣工结算时，此项目不得重新组价予以调整。

7)投标总价应当与分部分项工程费、措施项目费、其他项目费和规费、税金的合计金额一致。

7. 合同价款约定

(1)一般规定。

1)实行招标的工程合同价款应在中标通知书发出之日起30日内，由发承包双方依据招标文件和中标人的投标文件在书面合同中约定。合同约定不得违背招、投标文件中关于工期、造价、质量等方面的实质性内容。招标文件与中标人投标文件不一致的地方，应以投标文件为准。

2)不实行招标的工程合同价款，在发承包双方认可的工程价款基础上，由发承包双方在合同中约定。

3)实行工程量清单计价的工程，应当采用单价合同。工期较短、建设规模较小，技术难度较低，且施工图设计已审查批准的建设工程可以采用总价合同；紧急抢险、救灾以及施工技术特别复杂的建设工程可以采用成本加酬金合同。

(2)约定内容。

1)发承包双方应在合同条款中对下列事项进行约定：

①预付工程款的数额、支付时间及抵扣方式；

②安全文明施工措施的支付计划、使用要求等；

③工程计量与支付工程进度款的方式、数额及时间；

④工程价款的调整因素、方法、程序、支付及时间；

⑤施工索赔与现场签证的程序、金额确认与支付时间；

⑥承担计价风险的内容、范围以及超出约定内容、范围的调整办法；

⑦工程竣工价款结算编制与核对、支付及时间；

⑧工程质量保证金的数额、预留方式及时间；

⑨违约责任以及发生工程价款争议的解决方法及时间；

⑩与履行合同、支付价款有关的其他事项等。

2)合同中没有按照“计价规范”第7.2.1条的要求约定或约定不明的，若发承包双方在合同履行中发生争议由双方协商确定；协商不能达成一致的，按“计价规范”的规定执行。

8. 工程计量

(1)一般规定。

1)工程量应当按照相关工程的现行国家计量规范规定的工程量计算规则计算。

2)工程计量可选择按月或按工程形象进度分段计量，具体计量周期在合同中约定。

3)因承包人原因造成的超出合同工程范围施工或返工的工程量，发包人不予计量。

(2)单价合同的计量。

1)进行工程计量时，当发现招标工程量清单中出现缺项、工程量偏差，或因工程变更引起工程量的增减，应按承包人在履行合同过程中实际完成的工程量计算。

2)承包人应当按照合同约定的计量周期和时间，向发包人提交当期已完工程量报告。发包人应在收到报告后7天内核实，并将核实计量结果通知承包人。发包人未在约定时间内进行核实的，承包人提交的计量报告中所列的工程量则视为承包人实际完成的工程量。

3)发包人认为需要进行现场计量核实时，应在计量前24小时通知承包人，承包人应为计量提供便利条件并派人参加。双方均同意核实结果时，则双方应在上述记录上签字确认。承包人收到通知后不派人参加计量，视为认可发包人的计量核实结果。发包人不按照约定时间通知承包人，致使承包人未能派人参加计量，计量核实结果无效。

4)如承包人认为发包人的计量结果有误，应在收到计量结果通知后的7天内向发包人提出书面意见，并附上其认为正确的计量结果和详细的计算资料。发包人收到书面意见后，应在7天内对承包人的计量结果进行复核后通知承包人。承包人对复核计量结果仍有异议的，按照合同约定的争议解决办法处理。

5)承包人完成已标价工程量清单中每个项目的工程量并经发包人核实无误后，发承包双方应对每个项目的历次计量报表进行汇总，以核实最终结算工程量。发承包双方应在汇总表上签字确认。

(3)总价合同的计量。

1)总价合同约定的项目计量应以合同工程审定批准的施工图纸为依据，发承包双方应在合同中约定工程计量的形象目标或时间节点进行计量。承包人实际完成的工程量，是进行工程目标管理和控制进度支付的依据。

2)承包人应在合同约定的每个计量周期内，对已完成的工程进行计量，并向发包人提交达到工程形象目标完成的工程量和有关计量资料的报告。

3)发包人应在收到报告后7天内对承包人提交的上述资料进行复核，以确定实际完成的工程量和工程形象目标。对其有异议的，应通知承包人进行共同复核。

4)采用经审定批准的施工图纸及其预算方式发包形成的总价合同，除按照工程变更规定的工程量增减外，总价合同各项目的工程量应为承包人用于结算的最终工程量。

9. 合同价款调整

(1)一般规定。

1)以下事项(但不限于)发生，发承包双方应当按照合同约定调整合同价款：

①法律法规变化；

②工程变更；

③项目特征描述不符；

④工程量清单缺项；

⑤工程量偏差；

⑥物价变化；

⑦暂估价；

⑧计日工；

⑨现场签证；

⑩不可抗力；

⑪提前竣工(赶工补偿)；

⑫误期赔偿；

⑬索赔；

⑭暂列金额；

⑮发承包双方约定的其他调整事项。

2)出现合同价款调增事项(不含工程量偏差、计日工、现场签证、索赔)后的14天内，承包人应向发包人提交合同价款调增报告并附上相关资料，若承包人在14天内未提交合同价款调增报告的，视为承包人对该事项不存在调整价款。

3)发(承)包人应在收到承(发)包人合同价款调增(减)报告及相关资料之日起14天内对其核实，予以确认的应书面通知承(发)包人。如有疑问，应向承(发)包人提出协商意见。发(承)包人在收到合同价款调增(减)报告之日起14天内未确认也未提出协商意见的，视为承(发)包人提交的合同价款调增报告已被发包人认可。发(承)包人提出协商意见的，承(发)包人应在收到协商意见后的14天内对其核实，予以确认的应书面通知发(承)包人。如承(发)包人在收到发(承)包人的协商意见后14天内既不确认也未提出不同意见的，视为发(承)包人提出的意见已被承(发)包人认可。

4)如发包人与承包人对不同意见不能达成一致的，只要不实质影响发承包双方履约的，双方应实施该结果，直到其按照合同争议的解决方式得到处理。

5)出现合同价款调减事项(不含工程量偏差、索赔)后的14天内，发包人应向承包人提交合同价款调减报告并附相关资料，若发包人在14天内未提交合同价款调减报告的，视为发包人对该事项不存在调整价款。

6)经发承包双方确认调整的合同价款，作为追加(减)合同价款的，应与工程进度款或结算款同期支付。

(2)法律法规变化。

1)招标工程以投标截止日前28天、非招标工程以合同签订前28天为基准日，其后国家的法律、法规、规章和政策发生变化引起工程造价增减变化的，发承包双方应当按照省级或行业建设主管部门或其授权的工程造价管理机构据此发布的规定调整合同价款。

2)因承包人原因导致工期延误，按“计价规范”第9.2.1条规定的调整时间，在合同工程原定竣工时间之后，不予调整合同价款。

(3)工程变更。

1)工程变更引起已标价工程量清单项目或其工程数量发生变化，应按照下列规定调整：

①已标价工程量清单中有适用于变更工程项目的，采用该项目的单价；但当工程变更导致该清单项目的工程数量发生变化，且工程量偏差超过15%，此时，该项目单价的调整应按照“计价规范”第9.6.2条的规定调整。

②已标价工程量清单中没有适用、但有类似于变更工程项目的，可在合理范围内参照类似项目的单价。

③已标价工程量清单中没有适用也没有类似于变更工程项目的，由承包人根据变更工程资料、计量规则和计价办法、工程造价管理机构发布的信息价格和承包人报价浮动率提出变更工程项目的单价，报发包人确认后调整。承包人报价浮动率可按下列公式计算：

招标工程：承包人报价浮动率$L=(1-\text{中标价}/\text{招标控制价})\times 100\%$；

非招标工程：承包人报价浮动率$L=(1-\text{报价值}/\text{施工图预算})\times 100\%$。

④已标价工程量清单中没有适用也没有类似于变更工程项目，且工程造价管理机构发布的信息价格缺价的，由承包人根据变更工程资料、计量规则、计价办法和通过市场调查等取得有合法依据的市场价格提出变更工程项目的单价，应报发包人确认后调整。

2)工程变更引起施工方案改变，并使措施项目发生变化的，承包人提出调整措施项目费的，应事先将拟实施的方案提交发包人确认，并详细说明与原方案措施项目相比的变化情况。拟实施的方案经发承包双方确认后执行。该情况下，应按照下列规定调整措施项目费：

①安全文明施工费，按照实际发生变化的措施项目调整。

②采用单价计算的措施项目费，按照实际发生变化的措施项目按“计价规范”第9.3.1条的规定确定单价。

③按总价(或系数)计算的措施项目费，按照实际发生变化的措施项目调整，但应考虑承包人报价浮动因素，即调整金额按照实际调整金额乘以“计价规范”第9.3.1条规定的承包人报价浮动率计算。如果承包人未事先将拟实施的方案提交给发包人确认，则视为工程变更不引起措施项目费的调整或承包人放弃调整措施项目费的权利。

3)当发包人提出的工程变更因非承包人原因删减了合同中的某项原定工作或工程，致使承包人发生的费用或(和)得到的收益不能被包括在其他已支付或应支付的项目中，也未被包含在任何替代的工作或工程中，则承包人有权提出并得到合理的利润补偿。

(4)项目特征描述不符。

1)发包人在招标工程量清单中对项目特征的描述，应被认为是准确的和全面的，并且与实际施工要求相符合。承包人应按照发包人提供的工程量清单，根据项目特征描述的内容及有关要求实施合同工程，直到项目被改变为止。

2)承包人应按照发，包人提供的设计图纸实施合同工程，若在合同履行期间出现实际施工设计图纸(含设计变更)与招标工程量清单任一项目的特征描述不符，且该变化引起该项目的工程造价增减变化的，应按照实际施工的项目特征重新确定相应工程量清单项目的综合单价，并调整合同价款。

(5)工程量清单缺项。

1)合同履行期间，由于招标工程量清单中缺项，新增分部分项工程清单项目的，应按照“计价规范”第 9.3.1 条的规定确定单价，并调整合同价款。

2)新增分部分项工程清单项目后，引起措施项目发生变化的，应按照“计价规范”第 9.3.2 条的规定，在承包人提交的实施方案被发包人批准后调整合同价款。

3)由于招标工程量清单中措施项目缺项，承包人应将新增措施项目实施方案提交发包人批准后，按照“计价规范”第 9.3.1 条、第 9.3.2 条的规定调整合同价款。

(6)工程量偏差。

1)合同履行期间，当应予计算的实际工程量与招标工程量清单出现偏差，且符合“计价规范”第 9.6.2、9.6.3 条规定的，发承包双方应调整合同价款。

2)对于任一招标工程量清单项目，如果因本条规定的工程量偏差和“计价规范”第 9.3 条规定的工程变更等原因导致工程量偏差超过 15%，可进行调整。当工程量增加 15%以上时，其增加部分的工程量的综合单价应予调低；当工程量减少 15%以上时，减少后剩余部分的工程量的综合单价应予调高。此时，按下列公式调整结算分部分项工程费：

当 $Q_1>1.15Q_0$ 时，$S=1.15Q_0\times P_0+(Q_1-1.15Q_0)\times P_1$

当 $Q_1<0.85Q_0$ 时，$S=Q_1\times P_1$

式中 S——调整后的某一分部分项工程费结算价；

Q_1——最终完成的工程量；

Q_0——招标工程量清单中列出的工程量；

P_1——按照最终完成工程量重新调整后的综合单价；

P_0——承包人在工程量清单中填报的综合单价。

3)如果工程量出现“计价规范”第 9.6.2 条的变化，且该变化引起相关措施项目相应发生变化，如按系数或单一总价方式计价的，工程量增加的措施项目费调增，工程量减少的措施项目费适当调减。

(7)物价变化。

1)合同履行期间，因人工、材料、工程设备和机械台班价格波动影响合同价款时，应根据合同约定，按“计价规范”附录 A 的方法之一调整合同价款。

2)承包人采购材料和工程设备的，应在合同中约定主要材料、工程设备价格变化的范围或幅度；如没有约定，且材料、工程设备单价变化超过 5%，超过部分的价格应予调整。该情况下，应按照价格系数调整法或价格差额调整法(具体方法见条文说明)计算调整的材料设备费和施工机械费。

3)发生合同工程工期延误的，应按照下列规定确定合同履行期用于调整的价格或单价：

①因非承包人原因导致工期延误的，则计划进度日期后续工程的价格，应采用计划进度日期与实际进度日期两者的较高者；

②因承包人原因导致工期延误的，则计划进度日期后续工程的价格，应采用计划进度

日期与实际进度日期两者的较低者。

4)发包人供应材料和工程设备的，不适用“计价规范”第 9.8.1 条、第 9.8.2 条规定，应由发包人按照实际变化调整，列入合同工程的工程造价内。

(8)暂估价。

1)发包人在招标工程量清单中给定暂估价的材料、工程设备属于依法必须招标的，应由发承包双方以招标的方式选择供应商。确定价格。

2)发包人在招标工程量清单中给定暂估价的材料和工程设备不属于依法必须招标的，应由承包人按照合同约定采购，经发包人确认单价后取代暂估价，调整合同价款。

3)发包人在工程量清单中给定暂估价的专业工程不属于依法必须招标的，应按照“计价规范”第 9.3 节相应条款的规定确定专业工程价款。

4)发包人在招标工程量清单中给定暂估价的专业工程，依法必须招标的，应当由发、承包双方依法组织招标选择专业分包人，并接受有管辖权的建设工程招标投标管理机构的监督。除合同另有约定外，承包人不参与投标的专业工程分包招标，应由承包人作为招标人，但拟定的招标文件、评标工作、评标结果应报送发包人批准。与组织招标工作有关的费用应当被认为已经包括在承包人的签约合同价(投标总报价)中。承包人参加投标的专业工程分包招标，应由发包人作为招标人，与组织招标工作有关的费用由发包人承担。同等条件下，应优先选择承包人中标。

5)应以专业工程包中标价为依据取代专业工程暂估价，调整合同价款。

(9)计日工。

1)发包人通知承包人以计日工方式实施的零星工作，承包人应予执行。

2)采用计日工计价的任何一项变更工作，承包人应在该项变更的实施过程中，承包人应按合同约定提交以下报表和有关凭证送发包人复核：

①工作名称、内容和数量；投入该工作所有人员的姓名、工种、级别和耗用工时；

②投入该工作的材料名称、类别和数量；

③投入该工作的施工设备型号、台数和耗用台时；

④发包人要求提交的其他资料和凭证。

3)任一计日工项目持续进行时，承包人应在该项工作实施结束后的 24 小时内，向发包人提交有计日工记录汇总的现场签证报告一式三份。发包人在收到承包人提交现场签证报告后的 2 天内予以确认并将其中一份返还给承包人，作为计日工计价和支付的依据。发包人逾期未确认也未提出修改意见的，视为承包人提交的现场签证报告已被发包人认可。

4)任一计日工项目实施结束。发包人应按照确认的计日工现场签证报告核实该类项目的工程数量，并根据核实的工程数量和承包人已标价工程量清单中的计日工单价计算，提出应付价款；已标价工程量清单中没有该类计日工单价的，由发承包双方按“计价规范”第 9.3 节的规定商定计日工单价计算。

5)每个支付期末，承包人应按照“计价规范”第10.3节的规定向发包人提交本期间所有计日工记录的签证汇总表，并说明本期间自己认为有权得到的计日工金额，调整合同价款，列入进度款支付。

(10)现场签证。

1)承包人应发包人要求完成合同以外的零星项目、非承包人责任事件等工作的，发包人应及时以书面形式向承包人发出指令，提供所需的相关资料；承包人在收到指令后，应及时向发包人提出现场签证要求。

2)承包人应在收到发包人指令后的7天内，向发包人提交现场签证报告，报告中应写明所需的人工、材料和施工机械台班的消耗量等内容。发包人应在收到现场签证报告后的48小时内对报告内容进行核实，予以确认或提出修改意见。发包人在收到承包人现场签证报告后的48小时内未确认也未提出修改意见的，视为承包人提交的现场签证报告已被发包人认可。

3)现场签证的工作如已有相应的计日工单价，则现场签证中应列明完成该类项目所需的人工、材料设备和施工机械台班的数量及单价。如现场签证的工作没有相应的计日工单价，应在现场签证报告中列明完成该签证工作所需的人工、材料设备和施工机械台班的数量及其单价。

4)合同工程发生现场签证事项，未经发包人签证确认，承包人便擅自施工的，除非征得发包人同意，否则发生的费用由承包人承担。

5)现场签证工作完成后的7天内，承包人应按照现场签证内容计算价款，报送发包人确认后，作为增加合同价款，与工程进度款同期支付。

(11)不可抗力。

1)因不可抗力事件导致的费用，发承包双方应按以下原则分别承担并调整工程价款。

①工程本身的损害、因工程损害导致第三方人员伤亡和财产损失以及运至施工场地用于施工的材料和待安装的设备的损害，由发包人承担；

②发包人、承包人人员伤亡由其所在单位负责，并承担相应费用；

③承包人的施工机械设备损坏及停工损失，由承包人承担；

④停工期间，承包人应发包人要求留在施工场地的必要的管理人员及保卫人员的费用由发包人承担；

⑤工程所需清理、修复费用，由发包人承担。

(12)提前竣工(赶工补偿)。

1)发包人要求承包人提前竣工，应征得承包人同意后与承包人商定采取加快工程进度的措施，并修订合同工程进度计划。

2)合同工程提前竣工，发包人应承担承包人由此增加的费用，并按照合同约定向承包人支付提前竣工(赶工补偿)费。

3)发承包双方应在合同中约定提前竣工每日历天应补偿额度。除合同另有约定外，提前竣工补偿的最高限额可为合同价款的5%。此项费用应列入竣工结算文件中，与结算款一并支付。

(13)误期赔偿。

1)如果承包人未按照合同约定施工，导致实际进度迟于计划进度的，承包人应加快进度，实现合同工期。如合同工程发生误期，承包人应赔偿发包人由此造成的损失，并按照合同约定向发包人支付误期赔偿费，除合同另有约定外，误期赔偿费的最高限额为合同价款的5%。即使承包人支付误期赔偿费，也不能免除承包人按照合同约定应承担的任何责任和应履行的任何义务。

2)发承包双方应在合同中约定误期赔偿费，明确每日历天应赔额度。误期赔偿费应列入竣工结算文件中，并在结算款中扣除。

3)如果在工程竣工之前，合同工程内的某单位并工程已通过了竣工验收，且该单位并工程接收证书中表明的竣工日期并未延误，而是合同工程的其他部分产生了工期延误，则误期(项)赔偿费应按照已颁发工程接收证书的单位工程造价占合同价款的比例幅度予以扣减。

(14)索赔。

1)合同一方向另一方提出索赔时，应有正当的索赔理由和有效证据，并应符合合同的相关约定。

2)根据合同约定，承包人认为非承包人原因发生的事件造成了承包人的损失，应按以下程序向发包人提出索赔：

①承包人应在索赔事件发生后28天内，向发包人提交索赔意向通知书，说明发生索赔事件的事由。承包人逾期未发出索赔意向通知书的，丧失索赔的权利。

②承包人应在发出索赔意向通知书后28天内，向发包人正式提交索赔通知书。索赔通知书应详细说明索赔理由和要求，并附必要的记录和证明材料。

③索赔事件具有连续影响的，承包人应继续提交延续索赔通知，说明连续影响的实际情况和记录。

④在索赔事件影响结束后的28天内，承包人应向发包人提交最终索赔通知书，说明最终索赔要求，并附必要的记录和证明材料。

3)承包人索赔应按下列程序处理：

①发包人收到承包人的索赔通知书后，应及时查验承包人的记录和证明材料；

②发包人应在收到索赔通知书或有关索赔的进一步证明材料后的28天内，将索赔处理结果答复承包人，如果发包人逾期未作出答复，视为承包人索赔要求已经被发包人认可；

③承包人接受索赔处理结果的，索赔款项在当期进度款中进行支付；承包人不接受索赔处理结果的，按合同约定的争议解决方式办理。

4)承包人要求赔偿时，可以选择以下一项或几项方式获得赔偿：

①延长工期；

②要求发包人支付实际发生的额外费用；

③要求发包人支付合理的预期利润；

④要求发包人按合同的约定支付违约金。

5)当承包人的费用索赔与工期索赔要求相关联时，发包人在作出费用索赔的批准决定时，应结合工程延期，综合作出费用赔偿和工程延期的决定。

6)发承包双方在按合同约定办理了竣工结算后，应被认为承包人已无权再提出竣工结算前所发生的任何索赔。承包人在提交的最终结清申请中，只限于提出竣工结算后的索赔，提出索赔的期限自发承包双方最终结清时终止。

7)根据合同约定，发包人认为由于承包人的原因造成发包人的损失，宜按承包人索赔的程序进行索赔。

8)发包人要求赔偿时，可以选择以下一项或几项方式获得赔偿：

①延长质量缺陷修复期限；

②要求承包人支付实际发生的额外费用；

③要求承包人按合同的约定支付违约金。

9)承包人应付给发包人的索赔金额可从拟支付给承包人的合同价款中扣除，或由承包人以其他方式支付给发包人。

(15)暂列金额。

1)已签约合同价中的暂列金额应由发包人掌握使用。

2)发包人按照“计价规范”第 9.1～9.14 节的规定所作支付后，暂列金额如有余额应归发包人所有。

10. 合同价款期中支付

(1)预付款。

1)预付款用于承包人为合同工程施工购置材料、工程设备，购置或租赁施工设备以及组织施工人员进场等所需的款项。预付款的支付比例不宜高于合同价款的 30%。承包人应将预付款专用于合同工程。

2)承包人应在签订合同或向发包人提供与预付款等额的预付款保函(如有)后向发包人提交预付款支付申请。发包人应对在收到支付申请的 7 天内进行核实，向承包人发出预付款支付证书，并在签发支付证书后的 7 天内向承包人支付预付款。

3)发包人没有按时支付预付款的，承包人可催告发包人支付；发包人在付款期满后的 7 天内仍未支付的，承包人可在付款期满后的第 8 天起暂停施工。发包人应承担由此增加的费用和(或)延误的工期，并向承包人支付合理利润。

4)预付款应从每一个支付期应支付给承包人的工程进度款中扣回，直到扣回的金额达到合同约定的预付款金额为止。

5)承包人的预付款保函(如有)的担保金额根据预付款扣回的数额相应递减，但在预付款全部扣回之前一直保持有效。发包人应在预付款扣完后的 14 天内将预付款保函退还给承包人。

(2)安全文明施工费。

1)安全文明施工费的内容和范围，应符合国家有关文件和计量规范的规定。

2)发包人应在工程开工后的28天内预付不低于当年施工进度计划的安全文明施工费总额的60%，其余部分与进度款同期支付。

3)发包人没有按时支付安全文明施工费的，承包人可催告发包人支付；发包人在付款期满后的7天内仍未支付的，若发生安全事故的，发包人应承担连带责任。

4)承包人应对安全文明施工费专款专用，在财务账目中单独列项备查，不得挪作他用，否则发包人有权要求其限期改正；逾期未改正的，造成的损失和(或)延误的工期由承包人承担。

(3)进度款。

1)进度款支付周期，应与合同约定的工程计量周期一致。

2)承包人应在每个计量周期到期后的7天内向发包人提交已完工程进度款支付申请一式四份，详细说明此周期自己认为有权得到的款额，包括分包人已完工程的价款。支付申请的内容包括：

①累计已完成工程的合同价款；

②累计已实际支付的合同价款；

③本合计完成的合同价款：

a. 本已完成的单价项目的金额；

b. 本周期应支付的总价项目金额；

c. 本周期已完成的计日工价款；

d. 本应支付的安全文明施工费；

e. 本应增加的金额。

④本合计应扣减的金额：

a. 本应扣回的预付款；

b. 本应扣减的金额。

⑤本实际应支付的工程价款。

3)发包人应在收到承包人进度款支付申请后的14天内，根据计量结果和合同约定对申请内容予以核实。确认后向承包人出具进度款支付证书。

4)发包人应在签发进度款支付证书后的14天内，按照支付证书列明的金额向承包人支付进度款。

5)若发包人逾期未签发进度款支付证书，则视为承包人提交的进度款支付申请已被发包人认可，承包人可向发包人发出催告付款的通知。发包人应在收到通知后的14天内，按照承包人支付申请的金额向承包人支付进度款。

6)发包人未按照“计价规范”第10.3.9、第10.3.11条规定支付进度款的，承包人可催告发包人支付，并有权获得延迟支付的利息；发包人在付款期满后的7天内仍未支付的，承包人可在付款期满后的第 8 天起暂停施工。发包人应承担由此增加的费用和(或)延误的工期，向承包人支付合理利润，并承担违约责任。

7)发现已签发的任何支付证书有错、漏或重复的数额，发包人有权予以修正，承包人也有权提出修正申请。经发承包双方复核同意修正的，应在本次到期的进度款中支付或扣除。

11. 竣工结算与支付

(1)竣工结算。

1)合同工程完工后，承包人应在发承包双方确认的合同工期中价款结算的基础上汇总完成竣工结算文件，并在提交竣工验收申请的同时向发包人提交竣工结算文件。承包人未在规定的时间内提交竣工结算文件，经发包人催告后 14 天内仍未提交或没有明确答复的，发包人有权根据已有资料编制竣工结算文件，作为办理竣工结算和支付结算款的依据，承包人应予以认可。

2)发包人应在收到承包人提交的竣工结算文件后的 28 天内审核完毕。发包人经核实，认为承包人还应进一步补充资料和修改结算文件，应在上述时限内向承包人提出核实意见，承包人在收到核实意见后的 28 天内按照发包人提出的合理要求补充资料，修改竣工结算文件，并再次提交给发包人复核后批准。

3)发包人应在收到承包人再次提交的竣工结算文件后的 28 天内予以复核，并将复核结果通知承包人，并应遵守下列规定：

①发包人、承包人对复核结果无异议的，应在 7 天内在竣工结算文件上签字确认，竣工结算办理完毕；

②发包人或承包人对复核结果认为有误的，无异议部分按照本条①的规定办理不完全竣工结算；有异议部分由发承包双方协商解决，协商不成的，按照合同约定的争议解决方式处理。

4)发包人在收到承包人竣工结算文件后的 28 天内，不核对竣工结算或未提出审核意见的，视为承包人提交的竣工结算文件已被发包人认可，竣工结算办理完毕。承包人在收到发包人提出的核实意见后的 28 天内，不确认也未提出异议的，视为发包人提出的核实意见已被承包人认可，竣工结算办理完毕。

5)发包人委托造价咨询人审核竣工结算的，工程造价咨询人应在 28 天内核对完毕，核对结论与承包人竣工结算文件不一致的，应提交给承包人复核，承包人应在 14 天内将同意核对结论或不同意见的说明提交工程造价咨询人。工程造价咨询人收到承包人提出的异议后，应再次复核，复核无异议的，按“计价规范”第 11.3.3 条 1 款规定办理，复核后仍有异议的，按“计价规范”第 11.3.3 条 2 款规定办理。承包人逾期未提出书面异议，视为工程造价咨询人审核的竣工结算文件已经承包人认可。

6)对发包人或造价咨询人指派的专业人员与承包人经审核后无异议的竣工结算文件，除非发包人能提出具体、详细的不同意见，发包人应在竣工结算文件上签名确认，若发包人拒不签认，承包人可不交付竣工工程。承包人有权拒绝与发包人或其上级部门委托的工程造价咨询人重新核对竣工结算文件。若承包人拒不签认的，发包人要求交付竣工工程，承包人应当交付；否则，由此造成的损失，承包人承担相应的责任。

7)合同工程竣工结算核对完成，发承包双方签字确认后，发包人不得要求承包人与另一个或多个工程造价咨询人重复核对竣工结算。

8)发包人对工程质量有异议，拒绝办理工程竣工结算的，已竣工验收或已竣工未验收但实际投入使用的工程，其质量争议应按该工程保修合同执行，竣工结算应按合同约定办理；已竣工未验收且未实际投入使用的工程以及停工、停建工程的质量争议，双方应就有争议的部分委托有资质的检测鉴定机构进行检测，并应根据检测结果确定解决方案，或按工程质量监督机构的处理决定执行后办理竣工结算，无争议部分的竣工结算应按合同约定办理。

(2)结算款支付。

1)承包人应根据办理的竣工结算文件，向发包人提交竣工结算款支付申请。该申请应包括下列内容：

①竣工结算合同价款总额；

②累计已实际支付的合同价款；

③应预留的质量保证金；

④实际应支付的竣工结算款金额。

2)发包人应在收到承包人提交竣工结算款支付申请后 7 天内予以核实，向承包人签发竣工结算支付证书。

3)发包人签发竣工结算支付证书后的 14 天内，应按照竣工结算支付证书列明的金额向承包人支付结算款。

4)发包人未按照“计价规范”第 11.4.3 条、第 11.4.4 条规定支付竣工结算款的，承包人可催告发包人支付，并有权获得延迟支付的利息。竣工结算支付证书签发后 56 天内仍未支付的，除法律另有规定外，承包人可与发包人协商将该工程折价，也可直接向人民法院申请将该工程依法拍卖。承包人就该工程折价或拍卖的价款优先受偿。

(3)质量保证金。

1)发包人应按照合同约定的质量保证金比例从结算款中预留质量保证金。

2)承包人未按照合同约定履行属于自身责任的工程缺陷修复义务的，发包人有权从质量保证金中扣除用于缺陷修复的各项支出。经查验，工程缺陷属于发包人原因造成的，应由发包人承担查验和缺陷修复的费用。

3)在合同约定的缺陷责任期终止后，发包人应按照“计价规范”第 11.6 节的规定，将剩余的质量保证金返还给承包人。

(4)最终结清。

1)缺陷责任期终止后，承包人应按照合同约定的期限向发包人提交最终结清支付申请。

发包人对最终结清支付申请有异议的，有权要求承包人进行修正和提供补充资料。承包人修正后，应再次向发包人提交修正后的最终结清支付申请。

2)发包人应在收到最终结清支付申请后的 14 天内予以核实，并应向承包人签发最终结清证书。

3)发包人应在签发最终结清支付证书后的 14 天内，按照最终结清支付证书列明的金额向承包人支付最终结清款。

4)若发包人未在约定的时间内核实，又未提出具体意见的，视为承包人提交的最终结清支付申请已被发包人认可。

5)发包人未按期最终结清支付的，承包人可催告发包人支付，并有权获得延迟支付的利息。

6)承包人对发包人支付的最终结清款有异议的，按照合同约定的争议解决方式处理。

12. 合同解除的价款结算与支付

(1)发承包双方协商一致解除合同的，按照达成的协议办理结算和支付合同价款。

(2)由于不可抗力解除合同的，发包人应向承包人支付合同解除之日前已完成工程但尚未支付的工程款。此外，发包人还应支付下列款项：

1)已实施或部分实施的措施项目应付款项。

2)承包人为合同工程合理订购且已交付的材料和工程设备货款。发包人一经支付此项货款，该材料和工程设备即成为发包人的财产。

3)承包人为完成合同工程而预期开支的任何合理款项，且该项款项未包括在本款其他各项支付之内。

4)"计价规范"第 9.11.1 条规定的由发包人承担的费用。

5)承包人撤离现场所需的合理款项，包括员工遣送费和临时工程拆除、施工设备运离现场的款项。发承包双方办理结算合同价款时，应扣除合同解除之日前发包人向承包人收回的任何款项。当发包人应扣除的款项超过了应支付的款项，则承包人应在合同解除后的 56 天内将其差额退还给发包人。

(3)因承包人违约解除合同的，发包人应暂停向承包人支付任何款项。发包人应在合同解除后 28 天内核实合同解除时承包人已完成的全部工程款以及已运至现场的材料和工程设备货款，并扣除误期赔偿费(如有)和发包人已支付给承包人的各项款项，同时将结果通知承包人。发承包双方应在 28 天内予以确认或提出意见，并办理结算合同价款。如果发包人应扣除的款项超过了应支付的款项，则承包人应在合同解除后的 56 天内将其差额退还给发包人。

(4)因发包人违约解除合同的，发包人除应按照"计价规范"第 12.0.2 条规定向承包人支付各项款项外，还应支付给承包人由于解除合同而引起的损失或损害的款项。该笔款项由承包人提出，发包人核实后与承包人协商确定后的 7 天内向承包人签发支付证书。协商不能达成一致的，按照合同约定的争议解决方式处理。

13. 合同价款争议的解决

(1)监理或造价工程师暂定。

1)若发包人和承包人之间就工程质量、进度、价款支付与扣除、工期延期、索赔、价款调整等发生任何法律上、经济上或技术上的争议，首先应根据已签约合同的规定，提交合同约定职责范围内的总监理工程师或造价工程师解决，并抄送另一方。总监理工程师或造价工程师在收到此提交件后 14 天之内应将暂定结果通知发包人和承包人。发承包双方对暂定结果认可的，应以书面形式予以确认，暂定结果成为最终决定。

2)发承包双方在收到总监理工程师或造价工程师的暂定结果通知之后的 14 天内未对暂定结果予以确认也未提出不同意见的，视为发承包双方已认可该暂定结果。

3)发承包双方或一方不同意暂定结果的，应以书面形式向总监理工程师或造价工程师提出，说明自己认为正确的结果，同时抄送另一方，此时该暂定结果成为争议。在暂定结果不实质影响发承包双方当事人履约的前提下，发承包双方应实施该结果，直到其被改变为止。

(2)管理机构的解释或认定。

1)计价争议发生后，发承包双方可就下列事项以书面形式提请下列机构对争议作出解释或认定。

2)发承包双方或一方在收到管理机构书面解释或认定后仍可按照合同约定的争议解决方式提请仲裁或诉讼。除上述管理机构的上级管理部门作出了不同的解释或认定，或在仲裁裁决或法院判决中不予采信的外，“计价规范”第 13.2.1 条规定的管理机构作出的书面解释或认定是最终结果，对发承包双方均有约束力。

(3)协商和解。

计价争议发生后，发承包双方任何时候都可以进行协商。协商达成一致的，双方应签订书面协议，书面协议对发承包双方均有约束力。如果协商不能达成一致协议，发包人或承包人都可以按合同约定的其他方式解决争议。

(4)调解。

1)发承包双方应在合同中约定争议调解人，负责双方在合同履行过程中发生争议的调解。对任何调解人的任命，可以经过双方协议终止，但发包人或承包人都不能单独采取行动。除非双方另有协议，在最终结清支付证书生效后，调解人的任期即终止。

2)如果发承包双方发生了争议，任一方可以将该争议以书面形式提交调解人，并将副本抄送另一方，委托调解人作出调解决定。发承包双方应按照调解人可能提出的要求，立即给调解人提供所需要的资料、现场进入权及相应设施。调解人应被视为不是在进行仲裁人的工作。

3)调解人应在收到调解委托后 28 天内，或由调解人建议并经发承包双方认可的其他期限内，提出调解决定，发承包双方接受调解意见的，经双方签字后作为合同的补充文件，对发承包双方具有约束力，双方都应立即遵照执行。

4)如果任一方对调解人的调解决定有异议，应在收到调解决定后 28 天内，向另一方发出异议通知，并说明争议的事项和理由。但除非并直到调解决定在友好协商或仲裁裁决中作出修改，或合同已经解除，承包人应继续按照合同实施工程。

5)如果调解人已就争议事项向发承包双方提交了调解决定，而任一方在收到调解人决定后 28 天内，均未发出表示异议的通知，则调解书对发承包双方均具有约束力。

(5)仲裁、诉讼。

1)如果发承包双方的友好协商或调解均未达成一致意见，其中的一方已就此争议事项根据合同约定的仲裁协议申请仲裁，应同时通知另一方。

2)仲裁可在竣工之前或之后进行，但发包人、承包人、调解人各自的义务不得因在工程实施期间进行仲裁而有所改变。如果仲裁是在仲裁机构要求停止施工的情况下进行，则对合同工程应采取保护措施，由此增加的费用由败诉方承担。

3)在"计价规范"第 13.1～13.4 节规定的期限之内，上述有关的暂定或友好协议或调解决定已经有约束力的情况下，如果发承包中一方未能遵守暂定或友好协议或调解决定，则另一方可在不损害他可能具有的任何其他权利的情况下，将未能遵守暂定或不执行友好协议或调解达成书面协议的事项提交仲裁。

4)发包人、承包人在履行合同时发生争议，双方不愿和解、调解或者和解、调解不成，又没有达成仲裁协议的，可依法向人民法院提起诉讼。

14. 工程计价资料与档案

(1)计价资料。

1)发承包双方应当在合同中约定各自在合同工程中现场管理人员的职责范围，双方现场管理人员在职责范围内的签字确认的书面文件，是工程计价的有效凭证，但如有其他有效证据，或经实证证明其是虚假的除外。

2)发承包双方不论在何种场合对与工程计价有关的事项所给予的批准、证明、同意、指令、商定、确定、确认、通知和请求，或表示同意、否定、提出要求和意见等，均应采用书面形式，口头指令不得作为计价凭证。

3)任何书面文件送达时，应由对方签收，通过邮寄应采用挂号、特快专递传送，或以发承包双方商定的电子传输方式发送。交付、传送或传输至指定的接收人的地址。如接收人通知了另外地址时，随后通信信息应按新地址发送。

4)发承包双方分别向对方发出的任何书面文件，均应将其抄送现场管理人员，如系复印件应加盖合同工程管理机构印章，证明与原件同样。双方现场管理人员向对方所发任何书面文件，也应将其复印件发送给发承包双方。复印件应加盖其合同工程管理机构印章，证明与原件同样。

5)发承包双方均应及时签收另一方送达其指定接收地点的来往信函，拒不签收的，送达信函的一方可以采用特快专递或者公证方式送达，所造成的费用增加(包括被迫采用特殊送达方式所发生的费用)和(或)延误的工期由拒绝签收一方承担。

6)书面文件和通知不得扣压，一方能够提供证据证明另一方拒绝签收或已送达的，视为对方已签收并承担相应责任。

(2)计价档案。

1)发承包双方以及工程造价咨询人对具有保存价值的各种载体的计价文件，均应收集齐全，整理立卷后归档。

2)发承包双方和工程造价咨询人应建立完善的工程计价档案管理制度，并符合国家和有关部门发布的档案管理相关规定。

3)工程造价咨询人归档的计价文件，保存期不宜少于五年。

4)归档的工程计价成果文件应包括纸质原件和电子文件。其他归档文件及依据可为纸质原件、复印件或电子文件。

5)归档文件必须经过分类整理，并应组成符合要求的案卷。

6)归档可以分阶段进行，也可以在项目结算完成后进行。

7)向接受单位移交档案时，应编制移交清单，双方签字、盖章后方可交接。

2.2 分部分项工程和单价措施项目清单的编制

《房屋建筑与装饰工程工程量计算规范》(GB 50854—2013)(以下简称“计算规范”)中对工程量清单的规定如下：

(1)工程量清单应由具有编制能力的招标人或受其委托，具有相应资质的工程造价咨询人编制。

(2)采用工程量清单方式招标，工程量清单必须作为招标文件的组成部分，其准确性和完整性由招标人负责。此条款为“计算规范”中的强制性条文。

(3)工程量清单是工程量清单计价的基础，应作为编制招标控制价、投标报价、计算工程量、支付工程款、调整合同价款、办理竣工结算以及工程索赔等的依据。

(4)工程量清单应由分部分项工程和单价措施项目清单与计价表、总价措施项目清单与计价表、其他项目清单与计价汇总表、规费、税金项目计价表组成。

分部分项工程和单价措施项目清单与计价表是指构成建设工程实体的全部分项实体项目名称和相应数量的明细清单，其格式见表 2-1。

表 2-1　分部分项工程和单价措施项目清单与计价表

序号	项目编码	项目名称	项目特征描述	计量单位	工程量	金额/元		
						综合单价	合价	其中
								暂估价
A.4 混凝土及钢筋工程								
1	010501002001	带形基础	1. 混凝土种类：商品混凝土 2. 混凝土强度等级：C25	m^3	3.27			

“计算规范”中对分部分项工程量清单的规定如下：

(1)分部分项工程量清单应包括项目编码、项目名称、项目特征、计量单位和工程量。

(2)分部分项工程量清单应根据附录规定的项目编码、项目名称、项目特征、计量单位和工程量计算规则进行编制。

(3)分部分项工程量清单的项目编码，应采用12位阿拉伯数字表示。1～9位应按附录的规定设置，10～12位应根据拟建工程的工程量清单项目名称设置，同一招标工程的项目编码不得有重码。

(4)分部分项工程量清单的项目名称应按附录的项目名称结合拟建工程的实际确定。

(5)分部分项工程量清单中所列工程量应按附录中规定的工程量计算规则计算。

(6)分部分项工程量清单的计量单位应按附录中规定的计量单位确定。

(7)分部分项工程量清单项目特征应按附录中规定的项目特征，结合拟建工程项目的实际予以描述。

编制工程量清单出现附录中未包括的项目，编制人应作补充，并报省级或行业工程造价管理机构备案，省级或行业工程造价管理机构应汇总报住房和城乡建设部标准定额研究所。以上(1)～(7)条款为“计算规范”中强制性条文。

补充项目的编码由“计算规范”的代码01与B和三位阿拉伯数字组成，并应从01B001起顺序编制，同一招标工程的项目不得重码。工程量清单中需附有补充项目的名称、项目特征、计量单位、工程量计算规则、工程内容。

2.2.1 项目编码

项目编码按“计算规范”规定，采用5级编码、12位阿拉伯数字表示。1～9位为统一编码，即必须依据规范设置。其中1～2位(1级)为专业工程代码，3～4位(2级)为附录分类顺序码，5～6位(3级)为分部工程顺序码，7～9位(4级)为分项工程项目名称顺序码，10～12位(5级)为清单项目名称顺序码，第5级编码由清单编制人员根据设置的清单项目自行编制。

1. 专业工程代码(第1、2位，见表2-2)

表2-2 专业工程代码

第1～2位编码	对应专业工程名称	第1～2位编码	对应专业工程名称
01	建筑工程	04	市政工程
02	装饰装修工程	05	园林绿化工程
03	安装工程	06	矿山工程

2. 专业工程顺序码(第3～4位，见表2-3)

以建筑工程(附录A)为例，建筑工程共分8项专业工程，相当于8章。

表 2-3　专业工程顺序码

第 3～4 位编码	对应的附录	适用专业	前四位编码
01	A. 1	土(石)方工程	0101
02	A. 2	地基处理与边坡支护工程	0102
03	A. 3	桩基工程	0103
04	A. 4	砌筑工程	0104
05	A. 5	混凝土及钢筋混凝土工程	0105
06	A. 6	金属结构工程	0106
07	A. 7	木结构工程	0107
08	A. 8	门窗工程	0108

3. 分部工程顺序码(第 5～6 位，见表 2-4)

表 2-4 为建筑工程中的现浇混凝土工程，按不同的结构构件编码。

表 2-4　分部工程顺序码

第 5～6 位编码	对应的附录	适用的分部工程(不同结构构件)	前 6 位编码
01	A. 5. 1	现浇混凝土基础	010501
02	A. 5. 2	现浇混凝土柱	010502
03	A. 5. 3	现浇混凝土梁	010503
04	A. 5. 4	现浇混凝土墙	010504
05	A. 5. 5	现浇混凝土板	010505
…	…	…	…

4. 分项工程顺序码(第 7～9 位，见表 2-5)

表 2-5 为现浇混凝土梁的分项工程顺序码。

表 2-5　分项工程顺序码

第 7～9 位编码	对应的附录	适用的分项工程	前 9 位编码
001	A. 5. 3	现浇混凝土基础梁	010503001
002	A. 5. 3	现浇混凝土矩形梁	010503002
003	A. 5. 3	现浇混凝土异形梁	010503003
004	A. 5. 3	现浇混凝土圈梁	010503004
005	A. 5. 3	现浇混凝土过梁	010503005
006	A. 5. 3	现浇混凝土弧形、拱形梁	010503006

5. 清单项目名称顺序码(第 10～12 位)

下面以现浇混凝土矩形梁为例进行说明。

现浇混凝土矩形梁考虑混凝土强度等级，还有抗渗、抗冻等要求，其编码由清单编制人在全国统一9位编码的基础上，在第10、11、12位上自行设置，编制出项目名称顺序码001、002、003等，假如还有抗渗、抗冻等要求，就可以继续编制004、005、006等，例如，现将混凝土矩形梁C20，编码010503002001；现浇混凝土矩形梁C30，编码010503002002；现浇混凝土矩形梁C35，编码010503002003。

清单编制人在自行设置编码时应注意以下几点：

(1)一个项目编码对应于一个项目名称、计量单位、计算规则、工程内容、综合单价。清单编制人在自行设置编码时，以上五项中只要有一项不同，就应另设编码。如同一个单位工程中分别有M10水泥砂浆砌筑建筑物240 mm建筑外墙和M7.5水泥砂浆砌筑建筑物240 mm建筑外墙，这两个项目虽然都是砖墙，但砌筑砂浆强度等级不同，因而这两个项目的综合单价就不同，故第5级编码就应分别设置，其编码分别为010401003001(M10水泥砂浆砖外墙)、010401003002(M7.5水泥砂浆砖外墙)。

(2)项目编码不应再设付码。第5级编码的编码范围从001～999共有999个，因此对于一个项目即使特征有多种类型，也不会超过999个，在实际工程应用中足够使用。

(3)同一个分项工程中第5级编码不应重复。同一性质项目，只要形成的综合单价不同，第5级编码就应分别设置，如墙面抹灰中的混凝土墙面和砖墙面抹灰其第5级编码就应分别设置。

(4)清单编制人在自行设置编码时，如需并项要慎重考虑。如某多层建筑物挑檐底部抹灰同室内天棚抹灰的砂浆种类、抹灰厚度都相同，但这两个项目的施工难易程度有所不同，因而就要慎重考虑并项。

2.2.2 项目名称

分部分项工程量清单的项目名称应按“计算规范”附录的项目名称结合拟建工程的实际确定。

在“计算规范”中，项目名称一般是以工程实体命名的。如水泥砂浆楼地面、筏板基础、矩形柱、圈梁等。应该注意的是，附录中的项目名称所表示的工程实体，有些是可用适当的计量单位计算的简单完整的分项工程，如砌筑砖墙；也有些项目名称所表示的工程实体是分项工程的组合，如块料楼地面就是由楼地面垫层、找平层、防水层、面层铺设等分项工程组成。

在进行工程量清单项目设置时，切记不可以只考虑附录中的项目名称，而忽视附录中的项目特征及完成的工程内容，造成工程量清单项目的丢项、错项或重复列项。如预制钢筋混凝土柱清单项目就包括构件的制作、运输、安装、接头灌缝等工作内容，在编制工程量清单时，注意这四项不能单独列项，只能列项预制钢筋混凝土柱，把相应的个体特征在项目特征栏内描述出来，以供投标人核算工程量及准确报价。

2.2.3 项目特征

项目特征是指分部分项工程量清单项目自身价值的本质特征。清单项目特征应按“计算规范”附录中有关项目特征的要求，结合拟建工程项目的实际予以描述。如某块料楼地面的项目特征为：

10 mm 厚瓷质耐磨地砖(300 mm×300 mm)楼面，干水泥擦缝；

撒素水泥面(洒适量水)；

20 mm 厚 1∶4 干硬性水泥砂浆结合层；

60 mm 厚 C20 混凝土找坡层，最薄处 30 mm 厚；

聚氨酯涂抹防水层为 1.5～1.8 mm，防水层周边卷起 150 mm；

40 mm 厚 C20 细石混凝土随打随抹平；

150 mm 厚 3∶7 灰土垫层。

实行工程量清单计价，在招标投标工作中，招标人提供工程量清单，投标人依据工程量清单自主报价，而分部分项工程量清单的项目特征是确定一个清单项目综合单价的重要依据，因此，需要对工程量清单项目特征进行仔细、准确的描述，以确保投标人准确报价。

1. 必须描述的内容

(1)涉及正确计量的内容。如门窗洞口尺寸或框外围尺寸，“计算规范”规定计量单位按“樘/m^2”计量，如采用“樘”计量，一樘门或窗有多大，直接关系到门窗的价格，因而对门窗洞口或框外围尺寸进行描述就十分必要。

(2)涉及结构要求的内容。如混凝土构件的混凝土强度等级，是使用 C20 还是 C30 或 C40 等，因混凝土强度等级不同，其价格也不同，必须描述。

(3)涉及材质及品牌要求的内容。如油漆的品种，是调和漆还是硝基清漆等；砌筑砖的品种，是陶粒砌块还是煤矸石砖等；墙体涂料的品牌及档次等。材质及品牌直接影响清单项目价格，必须描述。

(4)涉及安装方式的内容。如管道工程中钢管的连接方式是螺纹连接还是焊接；塑料管是粘接还是热熔连接等，必须描述。

(5)组合工程内容的特征。如“计算规范”中楼地面清单项目，组合的工程内容有基层清理、垫层铺设、抹找平层、面层等，任何一道工序的特征描述不清或不描述，都会造成投标人组价时的漏项或错误，因而必须进行仔细描述。

2. 可不详细描述的内容

(1)无法准确描述的内容。如土壤类别，由于我国幅员辽阔，南北东西差异较大，特别是对于南方来说，在同一地点，由于表层土与表层土以下的土壤，其类别是不相同的，要求清单编制人准确判定某类土壤的所占比例是困难的，在这种情况下，可以考虑将土壤类别描述为综合，注明由投标人根据地勘资料确定土壤类别，决定报价。

(2)施工图样、标准图集标注明确的内容。对这些项目可描述为见××图集××页号及节点大样等。由于施工图样、标准图集是发承包双发都应遵守的技术文件，这样描述，可以有效减少在施工过程中对项目理解的不一致。同时，对很多工程项目，要将项目特征一一描述清楚，也是一件费力的事情，如果能采用这一方法描述，就可以收到事半功倍的效果。

2.2.4 计量单位

“计算规范”规定，分部分项工程量清单的计量单位应按附录中规定的计量单位确定，如挖土方的计量单位为 m^3，钢筋工程的计量单位为 t 等。

2.2.5 工程数量

工程量的计算，应按“计算规范”规定的统一计算规则进行计量，各分部分项工程的计算规则见单元 3。工程数量的有效位数应遵守下列规定：

(1)以“t”为单位，应保留小数点后三位数字，第四位小数四舍五入。

(2)以“m^3”“m^2”“m”“kg”为单位，应保留小数点后两位数字，第三位小数四舍五入。

(3)以“个”“件”“根”“组”“系统”等为单位，应取整数。

2.2.6 分部分项工程量清单的编制程序

在进行分部分项工程量清单编制时，其编制程序如图 2-1 所示。

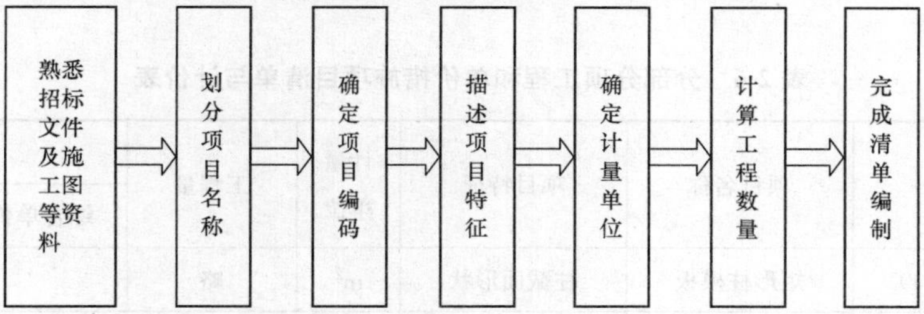

图 2-1 编制程序

【例 2-1】 某 C25 钢筋混凝土带形基础，长度为 10 m。剖面图如图 2-2 所示。编制其工程量清单。

【解】 (1)项目名称：钢筋混凝土带形基础。

(2)项目特征：混凝土强度等级 C25，商品混凝土。

(3)项目编码：010501002001。

(4)计量单位：m^3。

(5)工程数量：$[1.2\times0.21+(1.2+0.46)\times0.09\times0.5]\times10=3.27(m^3)$。

(6)表格填写详见表 2-1。

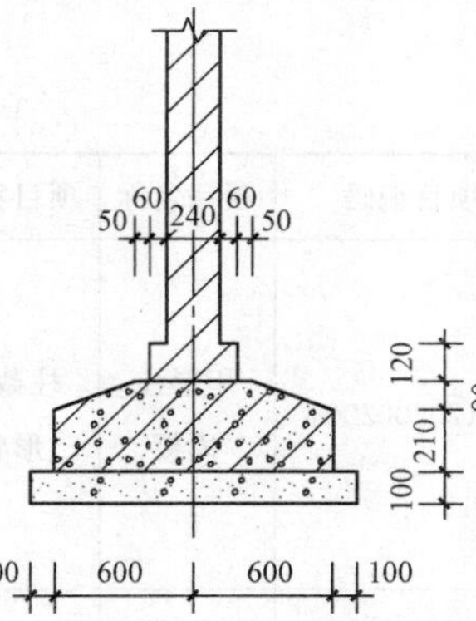

图 2-2 某带形基础剖面图

2.2.7 单价措施项目工程量计算

措施项目中，可以计算工程量的项目，典型的有模板工程、脚手架工程、垂直运输工程等。如根据图 2-3 所示编制钢筋混凝土模板及支架措施项目清单属于可计算工程量的项目，宜采用分部分项工程量清单的方式编制，见表 2-6，且附有相应项目的工程量计算规则，见表 2-7。

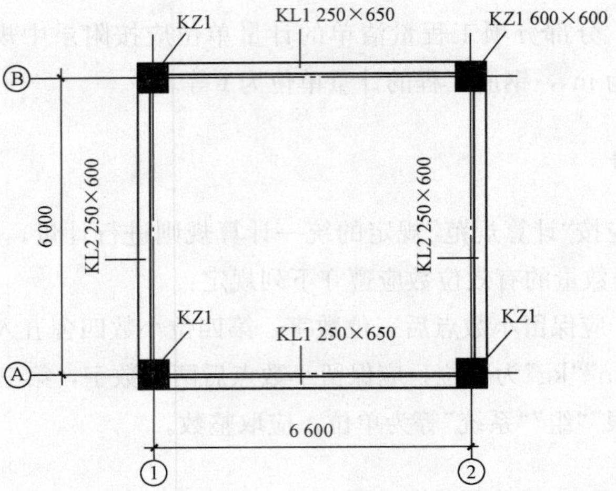

说明：层高为 3.6 m，板厚为 120 mm，柱截面为 600 mm×600 mm。

图 2-3　梁、板、柱平面图

表 2-6　分部分项工程和单价措施项目清单与计价表

序号	项目编码	项目名称	项目特征	计量单位	工程量	金额/元	
						综合单价	合价
1	011702002001	矩形柱模板	柱截面形状	m^2	略		
2	011702006001	矩形梁模板	支撑高度	m^2	略		
3	011702014001	有梁板模板	支撑高度	m^2	略		

表 2-7　补充工程量清单项目及计算规则

项目编码	项目名称	项目特征	计量单位	工程量计算规则	工作内容
011702002001	矩形柱模板	柱截面形状	m^2	按模板与现浇混凝土构件的接触面积计算，构件交接处不计算模板面积	1. 模板制作 2. 模板安装、拆除、整理堆放及场内外运输 3. 清理模板粘结物及模内杂物、刷隔离剂等
011702006001	矩形梁模板	支撑高度	m^2	按模板与现浇混凝土构件的接触面积计算，构件交接处不计算模板面积	1. 模板制作 2. 模板安装、拆除、整理堆放及场内外运输 3. 清理模板粘结物及模内杂物、刷隔离剂等

续表

项目编码	项目名称	项目特征	计量单位	工程量计算规则	工作内容
011702014001	有梁板模板	支撑高度	m^2	按模板现浇混凝土构件的接触面积计算，不扣除面积≤0.3 m^2 孔洞所占面积	1. 模板制作 2. 模板安装、拆除、整理堆放及场内外运输 3. 清理模板粘结物及模内杂物、刷隔离剂等

2.3 总价措施项目清单的编制

总价措施项目清单是指为完成工程项目施工，发生于该工程施工准备和施工过程中的技术、生活、安全环境保护等方面的非工程实体项目的清单，如脚手架工程，模板工程，安全文明施工，冬、雨期施工等。

措施项目清单应根据拟建工程的实际情况列项。总价措施项目清单可按表 2-8 选择列项，专业工程的措施项目可按“计算规范”附录中规定的项目选择列项。若出现“计算规范”未列的项目，可根据工程实际情况补充。

表 2-8　总价措施项目清单与计价表

序号	项目名称	序号	项目名称
1	安全文明施工	6	冬期施工费
2	夜间施工	7	地上、地下设施，建筑物的临时保护设施
3	非夜间施工照明	8	已完工程及设备保护
4	二次搬运	9	工程定位复测费
5	雨期施工费		

总价措施项目中可以计算工程量的项目清单宜采用分部分项工程量清单的方式编制，列出项目编码、项目名称、项目特征、计量单位和工程量计算规则；不能计算工程量的项目清单，以“项”为计量单位。

表 2-8 中的总价措施项目清单与计价项目不宜计算工程量，其措施项目清单与计价表见表 2-9。

表 2-9　总价措施项目清单与计价表

序号	项目编码	项目名称	计算基础	费率/%	金额/元	调整费率/%	调整后金额/元	备注
1	011707001001	安全文明施工	$\sum$(计算基数×费率)					

续表

序号	项目编码	项目名称	计算基础	费率/%	金额/元	调整费率/%	调整后金额/元	备注
2	011707002001	夜间施工						
3	011707003001	非夜间施工照明						
4	011707004001	二次搬运	人工费×费率					
5	011707005001	雨期施工费	人工费×费率					
6	011707005002	冬期施工费						
7	011707006001	地上、地下设施，建筑物的临时保护设施						
8	011707007001	已完工程及设备保护						
9	011707008001	工程定位复测费	$\sum$（计算基数×费率）					
		合计						

2.4 其他项目清单的编制

其他项目清单是指除分部分项工程量清单、措施项目清单外的由于招标人的特殊要求而设置的项目清单。

“计价规范”规定其他项目清单宜按照下列内容列项：

(1)暂列金额。

(2)暂估价，包括材料暂估价、工程设备暂估单价、专业工程暂估价。

(3)计日工。

(4)总承包服务费。

(5)索赔与现场签证。

出现上述未列的项目，可根据工程实际情况补充。

其他项目清单列项的具体内容如下：

(1)暂列金额。暂列金额是指招标人在工程量清单中暂定并包括在合同价款中的一笔款项。其用于施工合同签订时尚未确定或者不可预见的所需材料、设备、服务的采购，施工中可能发生的工程变更、合同约定调整因素出现时的工程价款调整以及发生的索赔、现场签证确认等的费用。

“计价规范”要求招标人将暂列金额与拟用项目明细列出，但如确实不能详列也可只列暂定金额总额，投标人应将上述暂列金额计入投标总价中。暂列金额格式见表 2-10。

表 2-10 暂列金额明细表

工程名称：××办公楼建筑工程　　　　　　　　　　　　　　　　　　第　页　共　页

序号	项目名称	计量单位	暂定金额/元	备注
1	工程量清单中工程量偏差和设计变更		25 000	
2	政策性调整和材料价格风险		25 000	
	合计		50 000	
注：此表由招标人填写，如不能详列也可只列暂定金额总额，投标人应将上述暂列金额计入投标总价中。				

(2)暂估价。暂估价是指招标人在工程量清单中提供的用于支付必然发生但暂时不能确定价格的材料的单价以及专业工程的金额。材料暂估价、专业工程暂估价格式见表 2-11、表 2-12。

表 2-11 材料暂估单价表

工程名称：××办公楼建筑工程　　　　　　　　　　　　　　　　　　第　页　共　页

序号	材料名称、规格、型号	计量单位	单价/元	备注
1	600 mm×600 mm 芝麻白花岗岩	m^2	150	用在一层地面
2	300 mm×300 mm 耐磨地砖	m^2	40	用在卫生间地面
3	600 mm×600 mm 全玻磁化砖	m^2	90	用在二层地面
4	350 mm×1 200 mm 芝麻白磨光花岗岩	m^2	170	用在楼梯及台阶面层
5	25 mm 厚毛石花岗岩板	m^2	160	用于外墙勒脚
注：1. 此表由招标人填写，并在备注栏说明暂估价的材料拟用在哪些清单项目上，投标人应将上述材料暂估单价计入工程量清单综合单价报价中。 2. 材料包括原材料、燃料、构配件以及按规定应计入建筑安装工程造价的设备。				

表 2-12 专业工程暂估价表

工程名称：××办公楼建筑工程　　　　　　　　　　　　　　　　　　第　页　共　页

序号	工程名称	工程内容	金额/元	备注
1	塑钢窗	制作、安装	1 000	用在该办公楼所有采用塑钢窗户的清单项目中
	合计		1 000	
注：此表由招标人填写，投标人应将上述专业工程暂估价计入投标总价中。				

(3)计日工。计日工是指在施工过程中，完成发包人提出的施工图纸以外的零星项目或工作(所需的人工、材料、施工机械台班等)，按合同中约定的综合单价计价。计日工格式见表 2-13。

表 2-13　计日工表

工程名称：××办公楼建筑工程　　　　　　　　　　　　　　　　　　　　　　　　第　页　共　页

编号	项目名称	单位	暂定数量	综合单价/元	合价/元	
					暂定	实际
一	人工					
1	(1)普工	工日	50			
2	(2)瓦工	工日	30			
3	(3)抹灰工	工日	30			
人工小计						
二	材料					
1	(1)水泥 42.5	kg	300			
材料小计						
三	施工机械					
1	(1)载重汽车	台班	20			
施工机械小计						
合计						

(4)总承包服务费。总承包服务费是指总承包人为配合、协调发包人进行的工程分包，对建设单位自行采购的设备、材料等进行管理、服务以及施工现场管理、竣工资料汇总整理等服务所需的费用。总承包服务费计价格式见表 2-14。

表 2-14　总承包服务费计价表

工程名称：××办公楼建筑工程　　　　　　　　　　　　　　　　　　　　　　　　第　页　共　页

序号	项目名称	项目价值/元	服务内容	计算基础	费率/%	金额/元
1	发包人发包专业工程	10 000	1. 按专业工程承包人的要求提供施工工作面并对施工现场进行统一管理，对竣工资料进行统一整理汇总 2. 为塑钢窗安装后进行补缝和找平并承担相应费用			
合计						
注：此表由招标人填写，投标人应将上述专业工程暂估价计入投标总价中。						

(5)索赔与现场签证。

2.5　规费项目清单的编制

规费项目清单是指根据省级政府或省级有关权力部门规定必须缴纳的，应计入建筑安装工程造价的费用项目明细清单。

“计价规范”规定，规费项目清单包括的内容有：社会保险费(养老保险、失业保险、医疗保险、工伤保险、生育保险)、住房公积金、工程排污费。

当出现“计价规范”上述未列的项目，投标人应根据省级政府或省级有关权力部门的规定列项。

2.6 税金项目清单的编制

税金项目清单是指按国家税法规定的应计入建筑安装工程造价内的增值税。所谓增值税是指以商品价值中的增值额为课税依据所征收的一种税。

2.7 工程量清单计价表格

2.7.1 工程量清单计价表格组成

以工程量招标清单为例。

1. 工程项目汇总表

(1)工程项目招标工程量清单封面(封1)(表2-15)。

(2)工程项目招标工程量清单扉页(扉1)(表2-16)。

(3)工程项目计价总说明(表2-17)。

2. 单项工程汇总表

(1)单项工程招标工程量清单封面(封1)(同表2-15)。

(2)单项工程招标工程量清单扉页(扉1)(同表2-16)。

(3)工程项目计价总说明(同表2-17)。

3. 单位工程报表

(1)单位工程招标工程量清单封面(封1)(同表2-15)。

(2)单位工程招标工程量清单扉页(扉1)(同表2-16)。

(3)工程项目计价总说明(同表2-17)。

(4)分部分项工程和单价措施项目清单与计价表(表2-18)。

(5)总价措施项目清单与计价表(表2-19)。

(6)其他项目清单与计价汇总表(表2-20)。

(7)规费、税金项目计价表(表2-21)。

表 2-15　工程项目招标工程量清单封面

××办公楼　　工程 **招标工程量清单** 招　标　人：＿＿＿＿＿＿＿＿＿＿＿＿ （单位盖章） 工程造价咨询人：＿＿＿＿＿＿＿＿＿＿＿＿ （签字或盖章） 年　月　日

表 2-16　工程项目招标工程量清单扉页

<u>工程项目　　工程</u>

招标工程量清单

招　标　人：______________　　工程造价咨询人：______________

（单位盖章）　　（单位资质专用章）

法定代表人
或其授权人：______________

（签字或盖章）

法 定 代 表 人
或 其 授 权 人：______________

（签字或盖章）

编　制　人：______________　　复　核　人：______________

（造价人员签字盖专用章）　　（造价工程师签字盖专用章）

编 制 时 间：　年　月　日　　复 核 时 间：　年　月　日

表 2-17 工程项目计价总说明

工程名称：　　　　　　　　　　　　　　　　　　　　　　第　页　共　页

一、工程概况

二、工程招标和分包范围

三、清单编制依据

四、工程质量、材料、施工等的特殊要求

五、其他说明事项

表 2-18 分部分项工程和单价措施项目清单与计价表

工程名称：　　　　　　　　标段：　　　　　　　　　　第　页　共　页

序号	项目编码	项目名称	项目特征描述	计量单位	工程量	金额/元		
						综合单价	合价	其中：暂估价
本页小计								
合计								

表 2-19 总价措施项目清单与计价表

工程名称：　　　　　　　　标段：　　　　　　　　　　第　页　共　页

序号	项目编码	项目名称	计算基础费	费率/%	金额/元	备注
1	011707001001	安全文明施工费				
2	011707002001	夜间施工费				
3	011707003001	非夜间施工照明费				
4	011707004001	二次搬运费				
5	011707005001	雨期施工费				
6	011707005002	冬期施工费				
7	011707006001	地上、地下设施，建筑物的临时保护设施费				
8	011707007001	已完工程及设备保护费				
9	011707008001	工程定位复测费				
合计						

表 2-20 其他项目清单与计价汇总表

工程名称： 标段： 第 页 共 页

序号	项目名称	金额/元	备注
1	暂列金额		明细详见表 2-10
2	暂估价		
2.1	材料(工程设备)暂估价/结算价		明细详见表 2-11
2.2	专业工程暂估价		明细详见表 2-12
3	计日工		明细详见表 2-13
4	总承包服务费		明细详见表 2-14
5	索赔与现场签证		
	合计		—

表 2-21 规费、税金项目计价表

工程名称： 标段： 第 页 共 页

序号	项目名称	计算基础	计算基数	计算费率/%	金额/元
1	规费				
1.1	社会保险费				
(1)	养老保险费、失业保险费、医疗保险费				
(2)	工伤保险费				
(3)	生育保险费				
1.2	工程排污费				
1.3	工程检测费				
1.4	残疾人就业保障金				
1.5	防洪基础设施建设资金及副食品价格调节基金				
2	税金				
	合计				

2.7.2 工程量清单计价表格使用规定

(1)工程量清单与计价宜采用统一格式。各省、自治区、直辖市建设行政主管部门和行业建设主管部门可根据本地区、本行业的实际情况，在计价规范计价表格的基础上补充完善。

(2)工程量清单的编制应符合下列规定：

1)工程量清单编制使用表格包括：表2-10、表2-11、表2-12、表2-13、表2-14、表2-15、表2-16、表2-17、表2-18、表2-19、表2-20、表2-21。

2)封面应按规定的内容填写、签字、盖章，造价工程师及造价员编制的工程量清单应有负责审核的造价工程师签字、盖章。

3)总说明应按下列内容填写：

①工程概况。包括建设规模、工程特征、计划工期、施工现场实际情况、自然地理条件、环境保护要求等。

②工程招标和分包范围。

③清单编制依据。

④工程质量、材料、施工等的特殊要求。

⑤其他说明事项。

小 结

本单元主要学习分部分项工程和单价措施项目清单与计价表，总价措施项目清单与计价表，其他项目清单与计价表，规费、税金项目计价表的编制方法。

习 题

1.《建设工程工程量清单计价规范》有哪几个特点？

2.《建设工程工程量清单计价规范》由几部分组成？

3. 编制分部分项工程工程量清单时应包括的五个要件是什么？

单元3　分部分项工程工程量计算

学习目标

通过本单元的学习、训练，要求学生能较熟练地完成一般土建工程中建筑与装饰工程工程量清单项目的工程量计算。

3.1　建筑面积计算

本节内容根据国家标准《建筑工程建筑面积计算规范》(GB/T 50353—2013)编制，适用于新建、扩建、改建的工业与民用建筑工程的建筑面积计算。

3.1.1　建筑面积的概念及作用

建筑面积是指建筑物外墙勒脚以上各层结构外围水平投影面积的总和。建筑面积包括使用面积、辅助面积和结构面积三部分。使用面积是指建筑物各层平面布置中可直接为生产或生活使用的净面积总和。辅助面积是指建筑物各层平面布置中为辅助生产或生活服务所占的净面积总和，如楼梯间、走廊、电梯井等。结构面积是指建筑物各层平面布置中的墙体、柱、垃圾道、通风道等所占的净面积总和。建筑面积是衡量建筑技术经济效果的重要指标，它的作用主要表现在以下几个方面：

(1)建筑面积是确定建筑工程经济技术指标的重要依据。

(2)建筑面积是控制工程进度和竣工任务的重要指标。

(3)装饰工程平方米造价是衡量装饰工程装饰标准的主要指标。

(4)建筑面积是划分建筑工程类别的标准之一。

3.1.2　建筑面积的计算规则

1. 计算建筑面积的范围

(1)建筑物的建筑面积应按自然层外墙结构外围水平面积之和计算。结构层高在 2.20 m 及以上的，应计算全面积；结构层高在 2.20 m 以下的，应计算 1/2 面积。

(2)建筑物内设有局部楼层(图 3-1)时，对于局部楼层在二层及以上的楼层，有围护结构的应按其围护结构外围水平面积计算，无围护结构的应按其结构底板水平面积计算。结构层高在 2.20 m 及以上的，应计算全面积；结构层高在 2.20 m 以下的，应计算 1/2 面积。

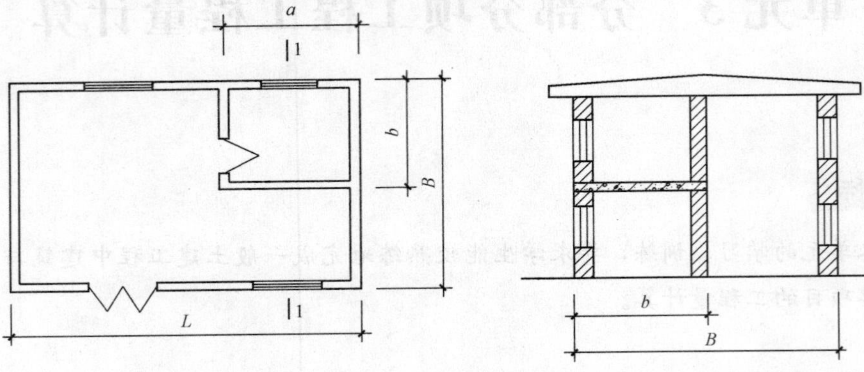

(a)　　　　(b)

图 3-1　建筑物内的局部楼层

(3)形成建筑空间的坡屋顶，结构净高在 2.10 m 及以上的部位应计算全面积；结构净高在 1.20 m 及以上至 2.10 m 以下的部位应计算 1/2 面积；结构净高在 1.20 m 以下的部位不应计算建筑面积。

(4)场馆看台下的建筑空间，结构净高在 2.10 m 及以上的部位应计算全面积；结构净高在 1.20 m 及以上至 2.10 m 以下的部位应计算 1/2 面积；结构净高在 1.20 m 以下的部位不应计算建筑面积。室内单独设置的有围护设施的悬挑看台，应按看台结构底板水平投影面积计算建筑面积。有顶盖无围护结构的场馆看台应按其顶盖水平投影面积的 1/2 计算面积。

(5)地下室、半地下室应按其结构外围水平面积计算。结构层高在 2.20 m 及以上的，应计算全面积；结构层高在 2.20 m 以下的，应计算 1/2 面积。

(6)出入口外墙外侧坡道有顶盖的部位，应按其外墙结构外围水平面积的 1/2 计算面积(图 3-2)。

多层建筑物建筑面积计算

地下室建筑面积计算

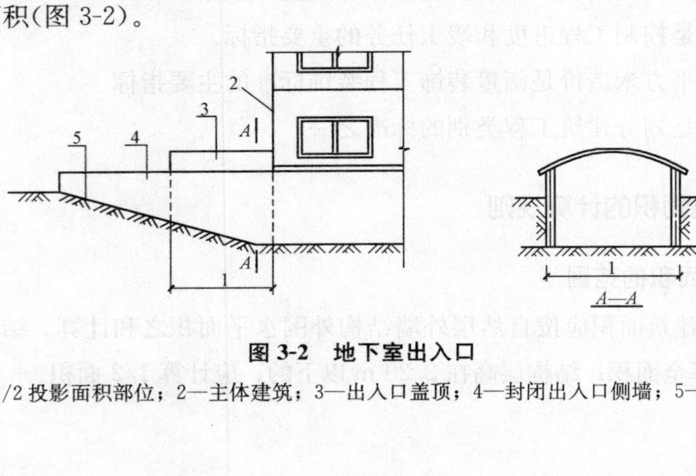

图 3-2　地下室出入口

1—计算 1/2 投影面积部位；2—主体建筑；3—出入口盖顶；4—封闭出入口侧墙；5—出入口坡道

(7)建筑物架空层及坡地建筑物吊脚架空层，应按其顶板水平投影计算建筑面积。结构层高在 2.20 m 及以上的，应计算全面积；结构层高在 2.20 m 以下的，应计算 1/2 面积(图 3-3)。

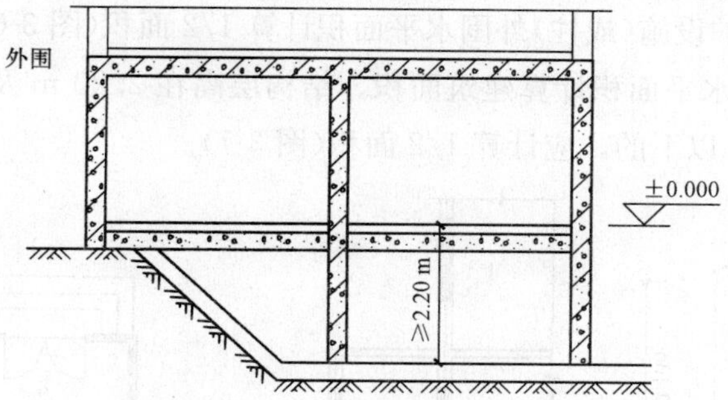

图 3-3　建筑物吊脚架空层

架空层建筑面积计算

(8)建筑物的门厅、大厅应按一层计算建筑面积，门厅、大厅内设置的走廊应按走廊结构底板水平投影面积计算建筑面积。结构层高在 2.20 m 及以上的，应计算全面积；结构层高在 2.20 m 以下的，应计算 1/2 面积。

门厅大厅建筑面积计算

(9)建筑物间的架空走廊，有顶盖和围护结构的，应按其围护结构外围水平面积计算全面积；无围护结构、有围护设施的，应按其结构底板水平投影面积计算 1/2 面积(图 3-4、图 3-5)。

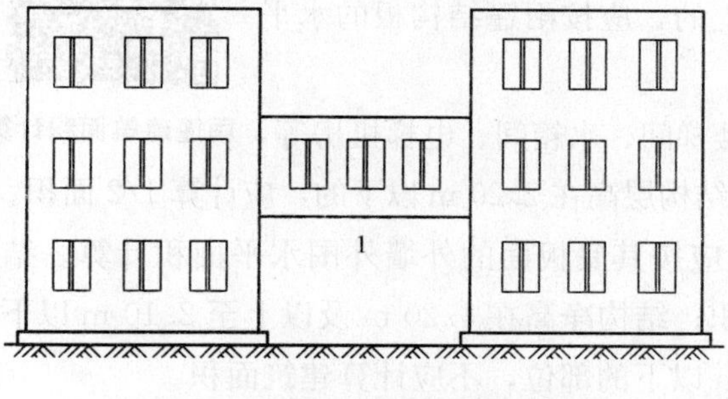

图 3-4　有围护结构的架空走廊

1—架空走廊

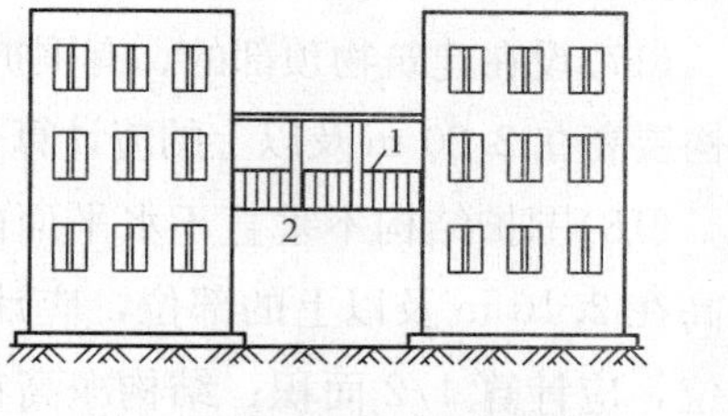

图 3-5　无围护结构的架空走廊

1—栏杆；2—架空走廊

(10)立体书库、立体仓库、立体车库，有围护结构的，应按其围护结构外围水平面积计算建筑面积；无围护结构、有围护设施的，应按其结构底板水平投影面积计算建筑面积。无结构层的应按一层计算，有结构层的应按其结构层面积分别计算。结构层高在 2.20 m 及以上的，应计算全面积；结构层高在 2.20 m 以下的，应计算 1/2 面积。

(11)有围护结构的舞台灯光控制室，应按其围护结构外围水平面积计算。结构层高在 2.20 m 及以上的，应计算全面积；结构层高在 2.20 m 以下的，应计算 1/2 面积。

(12)附属在建筑物外墙的落地橱窗，应按其围护结构外围水平面积计算。结构层高在 2.20 m 及以上的，应计算全面积；结构层高在 2.20 m 以下的，应计算 1/2 面积。

(13)窗台与室内楼地面高差在 0.45 m 以下且结构净高在 2.10 m 及以上的凸(飘)窗，

应按其围护结构外围水平面积计算 1/2 面积。

(14)有围护设施的室外走廊(挑廊)，应按其结构底板水平投影面积计算 1/2 面积；有围护设施(或柱)的檐廊，应按其围护设施(或柱)外围水平面积计算 1/2 面积(图 3-6)。

(15)门斗应按其围护结构外围水平面积计算建筑面积。结构层高在 2.20 m 及以上的，应计算全面积；结构层高在 2.20 m 以下的，应计算 1/2 面积(图 3-7)。

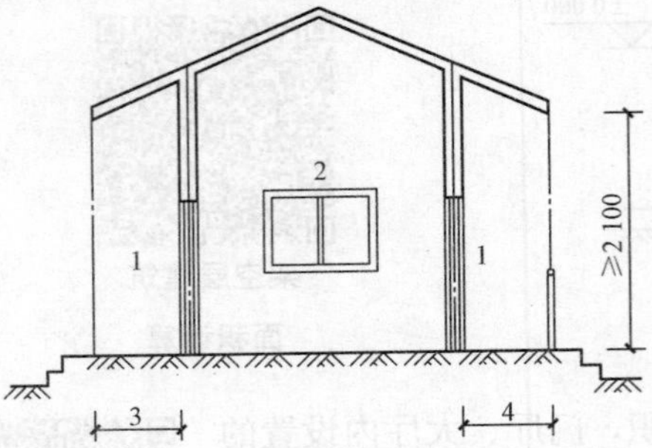

图 3-6　檐廊

1—檐廊；2—室内；3—不计算建筑面积部位；
4—计算 1/2 建筑面积部位

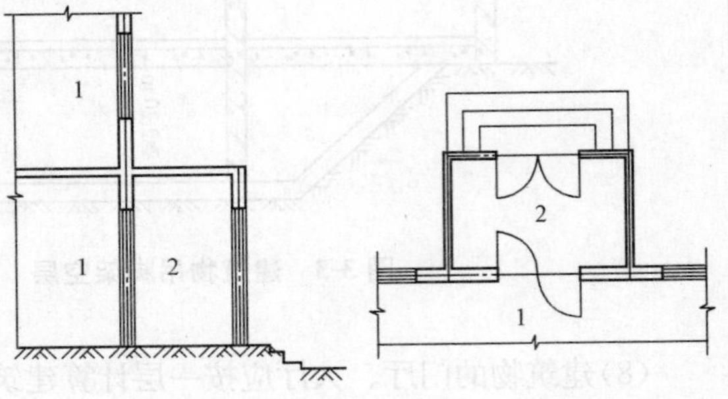

图 3-7　门斗

1—室内；2—门斗

(16)门廊应按其顶板水平投影面积的 1/2 计算建筑面积；有柱雨篷应按其结构板水平投影面积的 1/2 计算建筑面积；无柱雨篷的结构外边线至外墙结构外边线的宽度在 2.10 m 及以上的，应按雨篷结构板的水平投影面积的 1/2 计算建筑面积。

雨篷建筑面积计算

(17)设在建筑物顶部的、有围护结构的楼梯间、水箱间、电梯机房等，结构层高在 2.20 m 及以上的应计算全面积；结构层高在 2.20 m 以下的，应计算 1/2 面积。

(18)围护结构不垂直于水平面的楼层，应按其底板面的外墙外围水平面积计算。结构净高在 2.10 m 及以上的部位，应计算全面积；结构净高在 1.20 m 及以上至 2.10 m 以下的部位，应计算 1/2 面积；结构净高在 1.20 m 以下的部位，不应计算建筑面积。

(19)建筑物的室内楼梯、电梯井、提物井、管道井、通风排气竖井、烟道，应并入建筑物的自然层计算建筑面积。有顶盖的采光井应按一层计算面积，结构净高在 2.10 m 及以上的，应计算全面积，结构净高在 2.10 m 以下的，应计算 1/2 面积(图 3-8)。

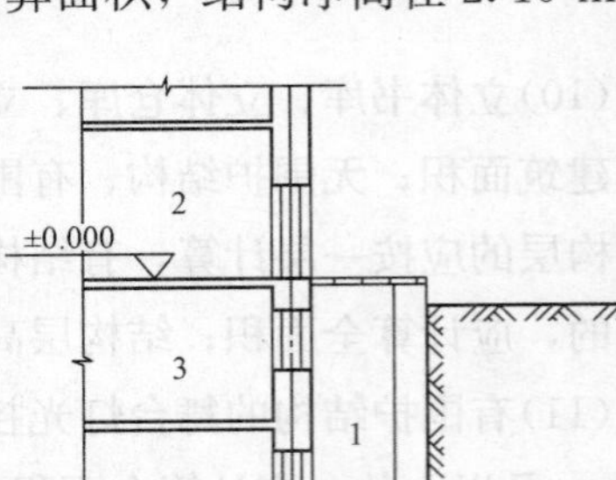

图 3-8　地下室采光井

1—采光井；2—室内；3—地下室

(20)室外楼梯应并入所依附建筑物自然层，并应按其水平投影面积的 1/2 计算建筑面积。

(21)在主体结构内的阳台，应按其结构外围水平面积计算全面积；在主体结构外的阳台，应按其结构底板水平投影面积计算 1/2 面积。

阳台建筑面积计算

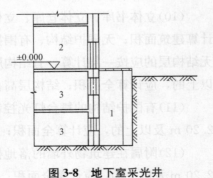

(22)有顶盖无围护结构的车棚、

货棚、站台、加油站、收费站等，应按其顶盖水平投影面积的1/2计算建筑面积。

(23)以幕墙作为围护结构的建筑物，应按幕墙外边线计算建筑面积。

(24)建筑物的外墙外保温层，应按其保温材料的水平截面面积计算，并计入自然层建筑面积。

(25)与室内相通的变形缝，应按其自然层合并在建筑物建筑面积内计算。对于高低联跨的建筑物，当高低跨内部连通时，其变形缝应计算在低跨面积内。

(26)对于建筑物内的设备层、管道层、避难层等有结构层的楼层，结构层高在2.20 m及以上的，应计算全面积；结构层高在2.20 m以下的，应计算1/2面积。

【例3-1】 某三层实验综合楼设有大厅且带回廊，其平面和剖面示意如图3-9所示，试计算其回廊的建筑面积。

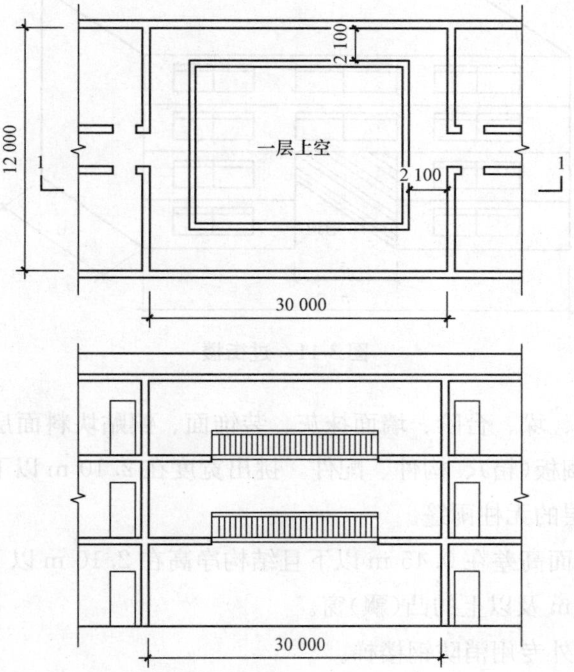

图3-9　某实验楼大厅、回廊示意

【解】 回廊部分建筑面积：

$$[30\times12-(12-2.1\times2)\times(30-2.1\times2)]\times2=317.52(\text{m}^2)$$

2. 不计算面积的范围

(1)与建筑物内不相连通的建筑部件。

(2)骑楼、过街楼底层的开放公共空间和建筑物通道，如图3-10、图3-11所示。

(3)舞台及后台悬挂幕布和布景的天桥、挑台等。

(4)露台、露天游泳池、花架、屋顶的水箱及装饰性结构构件。

(5)建筑物内的操作平台、上料平台、安装箱和罐体的平台。

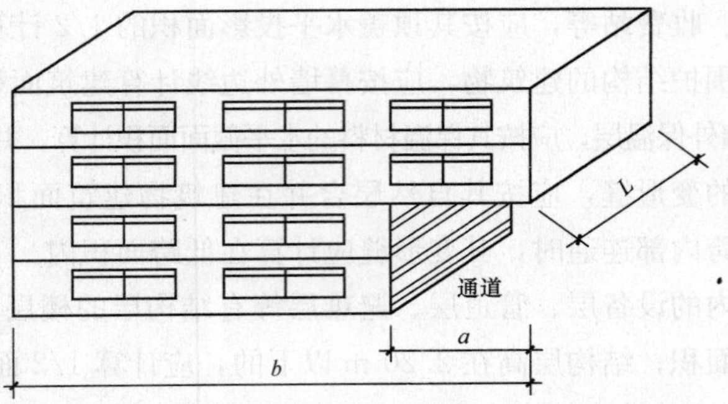

图 3-10　骑楼

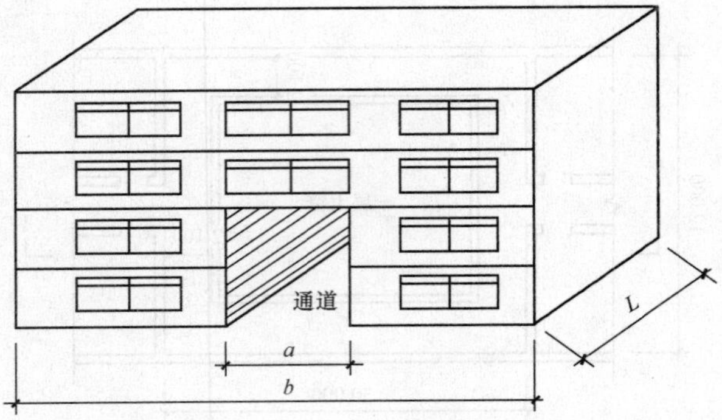

图 3-11　过街楼

(6)勒脚、附墙柱、垛、台阶、墙面抹灰、装饰面、镶贴块料面层、装饰性幕墙，主体结构外的空调室外机搁板(箱)、构件、配件，挑出宽度在 2.10 m 以下的无柱雨篷和顶盖高度达到或超过两个楼层的无柱雨篷。

(7)窗台与室内地面高差在 0.45 m 以下且结构净高在 2.10 m 以下的凸(飘)窗，窗台与室内地面高差在 0.45 m 及以上的凸(飘)窗。

(8)室外爬梯、室外专用消防钢楼梯。

(9)无围护结构的观光电梯。

(10)建筑物以外的地下人防通道，独立的烟囱、烟道、地沟、油(水)罐、气柜、水塔、贮油(水)池、贮仓、栈桥等构筑物。

3.2　土石方工程

土石方工程适用于建筑物和构筑物的土方开挖及回填工程，包括平整场地、挖一般土方、挖沟槽土方等 15 个项目。

3.2.1 土方工程

1. 平整场地

(1)概念。平整场地是指将天然地面改造成工程上所要求的设计平面。由于平整场地时全场地兼有挖和填，而挖和填的体形常常不规则，所以，平整场地项目适用于建筑场地厚度在±30 cm以内的挖、填、运、找平。

(2)工程量计算。工程量计算是指平整场地按设计图示尺寸以建筑物首层建筑面积计算。

(3)项目特征。项目特征是指描述土壤类别、弃土运距、取土运距。其中，土壤类别共分四类，详见"计价规范"。弃土运距、取土运距是指在工程中，有时可能出现在场地±30 cm以内全部是挖方或填方工程，且需外运土方或回运土方，这时应描述弃土运距或取土运距。

房屋建筑与装饰工程工程量计算规范

(4)工程内容。工程内容包含土方挖填、场地找平及运输。

【例 3-2】 试计算如图 3-12 所示某建筑物平整场地。

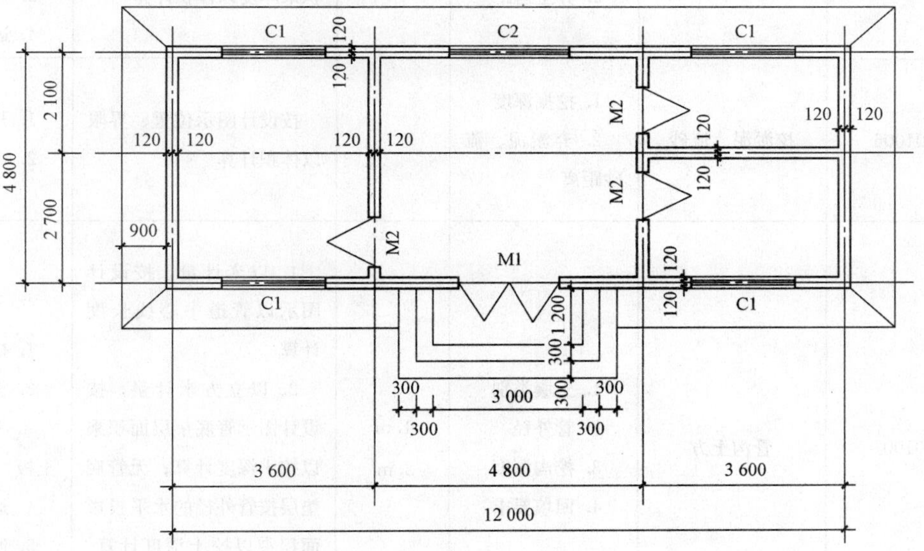

图 3-12 一层平面图

【解】 $S=(3.6+4.8+3.6)\times(2.7+2.1)=57.6(\mathrm{m}^2)$

2. 挖土方

(1)概念。土方开挖施工是将土和岩石进行松动、破碎、挖掘并运出的工程。土方开挖工程是建筑工程不可分割的一部分，它涉及的内容包括边坡、虚实方量、沉降量等。施工中根据岩土性质，土方开挖分土方开挖和石方开挖。按施工环境是露天、地下或水下，分为明挖、洞挖和水下开挖。土方开挖工程在施工前，需根据工程规模和特性，地形、地质、水文、气象等自然条件，施工导流方式和工程进度要求，施工条件以及可能采用的施工方法等，研究选定合适的土方开挖方式。

(2)种类。挖一般土方、挖沟槽土方，挖基坑土方，冻土开挖，挖淤泥、流砂，挖管沟土方，详见表 3-1。

表 3-1　挖土方工程

项目编码	项目名称	项目特征	计量单位	工程量计算规则	工作内容
010101002	挖一般土方	1. 土壤类别 2. 挖土深度 3. 弃土运距	m^3	按设计图示尺寸以体积计算	1. 排地表水 2. 土方开挖 3. 围护（挡土板）、支撑 4. 基底钎探 5. 运输
010101003	挖沟槽土方			按设计图示尺寸以基础垫层底面积乘以挖土深度计算	
010101004	挖基坑土方				
010101005	冻土开挖	1. 冻土厚度 2. 弃土运距		按设计图示尺寸开挖面积乘厚度以体积计算	1. 爆破 2. 开挖 3. 清理 4. 运输
010101006	挖淤泥、流砂	1. 挖掘深度 2. 弃淤泥、流砂距离		按设计图示位置、界限以体积计算	1. 开挖 2. 运输
010101007	管沟土方	1. 土壤类别 2. 管外径 3. 挖沟深度 4. 回填要求	1. m 2. m^3	1. 以米计量，按设计图示以管道中心线长度计算 2. 以立方米计量，按设计图示管底垫层面积乘以挖土深度计算；无管底垫层按管外径的水平投影面积乘以挖土深度计算。不扣除各类井的长度，井的土方并入	1. 排地表水 2. 土方开挖 3. 围护（挡土板）、支撑 4. 运输 5. 回填

土方体积折算系数见表 3-2。

表 3-2　土方体积折算系数表

天然密实度体积	虚方体积	夯实后体积	松填体积
0.77	1.00	0.67	0.83
1.00	1.30	0.87	1.08
1.15	1.50	1.00	1.25

续表

天然密实度体积	虚方体积	夯实后体积	松填体积
0.92	1.20	0.80	1.00

注：1. 虚方指未经碾压、堆积时间≤1年的土壤。

2. 设计密实度超过规定的，填方体积按工程设计要求执行；无设计要求按各省、自治区、直辖市或行业建设行政主管部门规定的系数执行。

【例3-3】 某建筑物基础平面图及断面图如图3-13所示。已知土壤类别为Ⅱ类土，土方运距为3 km，条形基础下设C15素混凝土垫层。试计算挖土方的清单工程量。

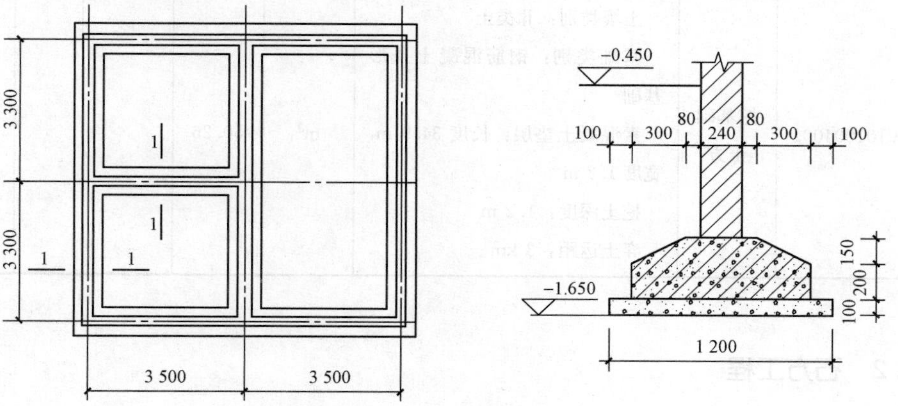

图3-13 某建筑物基础平面图及剖面图

【解】 挖土方清单工程量(表3-3)。清单工程量是指按工程量清单计价规范由招标人计算的工程量。由图3-13可以看出，本工程带形基础下设100 mm厚混凝土垫层。

情况1，某省规定：挖沟槽、基坑的工程量中不考虑因工作面、放坡增加的工作量，则挖土底宽＝1.2 m＜7 m，应按“挖沟槽土方”编列清单项目。

挖沟槽土方工程量＝基础垫层长×基础垫层宽×挖土深度

挖土深度＝1.65－0.45＝1.2(m)＜放坡起点1.5 m，故挖沟槽土方工程量中不计算放坡。

外墙中心线长＝(3.5×2＋3.3×2)×2＝13.6×2＝27.2(m)

内墙垫层间净长＝(3.5－0.6×2)＋(3.3×2－0.6×2)＝7.7(m)

挖沟槽土方清单工程量＝(27.2＋7.7)×1.2×(1.65－0.45)

＝34.9×1.2×1.2＝50.26(m^3)

情况2，某省规定：挖沟槽、基坑的工程量中考虑因工作面、放坡增加的工作量，则挖土底宽中应增加工作面宽度，为1.2＋0.3×2＝1.8(m)＜7 m，应按“挖沟槽土方”编列清单项目。

挖沟槽土方工程量＝挖沟槽长×挖沟槽宽×挖土深度

外墙挖土长取外墙中心线长，内墙挖土长取内墙下沟槽底间净长。

内墙下沟槽底间净长＝3.5－0.6×2－0.3×2＋3.3×2－0.6×2－0.3×2＝6.5(m)

挖沟槽土方清单工程量＝(27.2＋6.5)×1.8×(1.65－0.45)

＝33.7×1.8×1.2＝72.79(m^3)

表 3-3　分部分项工程和单价措施项目清单与计价表

序号	项目编码	项目名称	项目特征描述	计量单位	工程量	金额/元		
						综合单价	合价	其中：暂估价
1	010101004001	挖基础土方	土壤类别：Ⅱ类土 基础类别：钢筋混凝土条形基础 素混凝土垫层：长度 34.9 m，宽度 1.2 m 挖土深度：1.2 m 弃土运距：3 km	m^3	50.26			

3.2.2　石方工程

（略）

3.2.3　回填

(1)概念。土方回填是指建筑工程的填土，主要有地基填土、基坑(槽)或管沟回填、室内地坪回填、室外场地回填平整等。

(2)工程量计算。回填按设计图示尺寸以体积计算。

1)场地回填：回填面积乘平均回填厚度。

2)室内回填：主墙间面积乘回填厚度，不扣除间隔墙。

3)基础回填：挖方体积减去自然地坪以下埋设的基础体积(包括基础垫层及其他构筑物)。

(3)项目特征。描述密实度要求、填方材料品种、填方粒径要求、填方来源、运距。

(4)工程内容。其包含运输、回填、压实。

因地质情况变化或因设计变更引起的土方工程量的变更，应由业主与承包人双方现场认证，依据合同条件进行调整。

【例 3-4】　(接例 3-3)图 3-14 所示为建筑物的平面图。已知图 3-13 中室外地坪以下的 C10 混凝土垫层体积为 4.19 m^3、钢筋混凝土基础体积为 10.83 m^3、砖基础体积为 6.63 m^3；室外地面标高为±0.000，地面厚为 220 mm，试计算土方回填清单工程量，并列出土方回填清单(M1 洞口尺寸为 900 mm×2 100 mm)。

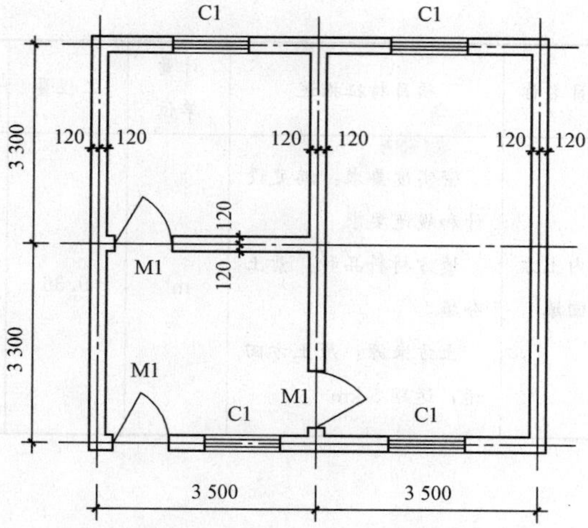

图 3-14　某建筑物平面图

【解】 (1)土方回填清单工程量(表 3-4)＝挖土体积－设计室外地坪以下埋设的基础、垫层体积

＝50.26(例 3-1 中的计算数据)－10.83－6.63－4.19

＝28.61(m^3)

室内土方回填工程量＝[(3.5－0.24)×(3.3－0.24)×2＋(3.5－0.24)×(6.6－0.24)]×(0.45－0.22)

＝40.68×0.23

＝9.36(m^3)

(2)土方回填施工方案工程量。

基础土方回填工程量＝挖土体积－设计室外地坪以下埋设的基础、垫层体积

＝72.79(例 3-1 中的计算数据)－10.83－6.63－4.19

＝51.14(m^3)

室内土方回填工程量＝清单工程量＝9.51(m^3)

表 3-4　分部分项工程和单价措施项目清单与计价表

序号	项目编码	项目名称	项目特征描述	计量单位	工程量	金额/元		
						综合单价	合价	其中：暂估价
1	010103001001	基础土方回填	密实度要求：满足设计和规范要求 填方材料品种：素土夯填 土方来源：原土方回运，运距 5 km	m^3	28.61			

续表

序号	项目编码	项目名称	项目特征描述	计量单位	工程量	金额/元		
						综合单价	合价	其中：暂估价
2	010103001002	室内土方回填	密实度要求：满足设计和规范要求 填方材料品种：素土夯填 土方来源：原土方回运，运距 5 km	m^3	9.36			

3.3　地基处理与边坡支护工程

3.3.1　地基处理

1. 种类

地基处理及边坡支护工程适用于地基与边坡的处理、加固，包括地基处理、基坑与边坡支护等项目。

2. 工程量计算

地基处理按设计图示尺寸以加固面积计算。

3.3.2　基坑与边坡支护

1. 种类

项目适用于各种导墙施工的复合型地下连续墙工程。

2. 工程量计算

基坑与边坡支护按设计图示墙中心线长乘以厚度乘以槽深以体积计算。

(1)以米计量，按设计图示尺寸以桩长计算。

(2)以根计量，按设计图示数量计算。

(3)预应力锚杆、锚索以米计量，按设计图示尺寸以钻孔深度计算或以根计量，按设计图示数量计算。

3.4 桩基工程

3.4.1 打桩

1. 种类

打桩的种类有预制混凝土桩、钢管桩、凿桩头。

2. 工程量计算

预制钢筋混凝土桩以米计量，按设计图示尺寸以桩长(包括桩尖)计算或以根计量，按设计图示数量计算。

钢管桩以吨计量，按设计图示尺寸以质量计算或以根计量，按设计图示数量计算。

截(凿)桩头以立方米计量，按设计桩截面乘以桩头长度以体积计算或以根计量，按设计图示数量计算。

3.4.2 灌注桩

1. 种类

常见的灌注桩有泥浆护壁成孔灌注桩、沉管灌注桩、挖孔桩土(石)方、灌注桩后压浆等。

2. 工程量计算

(1)以米计量，按设计图示尺寸以桩长(包括桩尖)计算。

(2)以立方米计量，按不同截面在桩上范围内以体积计算。

(3)以根计量，按设计图示数量计算。

3.5 砌筑工程

3.5.1 砖砌体

1. 概念

砌体结构是指由块体和砂浆砌筑而成的墙、柱作为建筑物主要受力构件的结构。其是砖砌体、砌块砌体和石砌体结构的统称。从定义中我们可以看出，“砖”只不过是构成其中“砖砌体”的主要材料之一。“砖”是砌体工程分类中“砖砌体”采用的一种主要材料。“砖”只是一种建筑材料而已，而“砌体”则是一种结构构件，这是两者的本质区别。

实心砖的规格为 240 mm×115 mm×53 mm(长×宽×高)。

2. 种类

常见的砖砌体有砖基础、砖护壁、实心砖墙、空心砖墙、实心砖柱、多孔砖柱、零星砌砖、砖地沟等，详见表 3-5。

表 3-5　砖砌体

项目编码	项目名称	项目特征	计量单位	工程量计算规则	工作内容
010401001	砖基础	1. 砖品种、规格、强度等级 2. 基础类型 3. 砂浆强度等级 4. 防潮层材料种类	m^3	按设计图示尺寸以体积计算。 包括附墙垛基础宽出部分体积，扣除地梁(圈梁)、构造柱所占体积，不扣除基础大放脚 T 形接头处的重叠部分及嵌入基础内的钢筋、铁件、管道、基础砂浆防潮层和单个面积≤0.3 m^2 的孔洞所占体积，靠墙暖气沟的挑檐不增加。 基础长度：外墙按外墙中心线，内墙按内墙净长线计算	1. 砂浆制作、运输 2. 砌砖 3. 防潮层铺设 4. 材料运输
010401002	砖砌挖孔桩护壁	1. 砖品种、规格、强度等级 2. 砂浆强度等级		按设计图示尺寸以立方米计算	1. 砂浆制作、运输 2. 砌砖 3. 材料运输
010401003	实心砖墙	1. 砖品种、规格、强度等级 2. 墙体类型 3. 砂浆强度等级、配合比	m^3	按设计图示尺寸以体积计算。 扣除门窗、洞口、嵌入墙内的钢筋混凝土柱、梁、圈梁、挑梁、过梁及凹进墙内的壁龛、管槽、暖气槽、消火栓箱所占体积，不扣除梁头、板头、檩头、垫木、木楞头、沿缘木、木砖、门窗走头、砖墙内加固钢筋、木筋、铁件、钢管及单个面积≤0.3 m^2 的孔洞所占的体积。凸出墙面的腰线、挑檐、压顶、窗台线、虎头砖、门窗套的体积亦不增加。凸出墙面的砖垛并入墙体体积内计算。 1. 墙长度：外墙按中心线、内墙按净长计算； 2. 墙高度： (1)外墙：斜(坡)屋面无檐口天棚者算至屋面板底；有屋架且室内外均有天棚者算至屋架下弦底另加 200 mm；无天棚者算至屋架下弦底另加 300 mm，出檐宽度超过 600 mm 时按实砌高度计算；与钢筋混凝土楼板隔层者算至板顶。平屋顶算至钢筋混凝土板底	1. 砂浆制作、运输 2. 砌砖 3. 刮缝 4. 砖压顶砌筑 5. 材料运输
010401004	多孔砖墙				

续表

项目编码	项目名称	项目特征	计量单位	工程量计算规则	工作内容
010401005	空心砖墙	1. 砖品种、规格、强度等级 2. 墙体类型 3. 砂浆强度等级、配合比	m^3	(2)内墙：位于屋架下弦者，算至屋架下弦底；无屋架者算至天棚底另加100 mm；有钢筋混凝土楼板隔层者算至楼板顶；有框架梁时算至梁底。 (3)女儿墙：从屋面板上表面算至女儿墙顶面(如有混凝土压顶时算至压顶下表面)。 (4)内、外山墙：按其平均高度计算。 3. 框架间墙：不分内外墙，按墙体净尺寸以体积计算。 4. 围墙：高度算至压顶上表面(如有混凝土压顶时算至压顶下表面)，围墙柱并入围墙体积内	1. 砂浆制作、运输 2. 砌砖 3. 刮缝 4. 砖压顶砌筑 5. 材料运输
010401009	实心砖柱	1. 砖品种、规格、强度等级 2. 柱类型 3. 砂浆强度等级、配合比	m^3	按设计图示尺寸以体积计算。扣除混凝土及钢筋混凝土梁垫、梁头、板头所占体积	1. 砂浆制作、运输 2. 砌砖 3. 刮缝 4. 材料运输
010404010	多孔砖柱				
010404013	零星砌砖	1. 零星砌砖名称、部位 2. 砖品种、规格、强度等级 3. 砂浆强度等级、配合比	1. m^3 2. m^2 3. m 4. 个	1. 以立方米计量，按设计图示尺寸截面面积乘以长度计算。 2. 以平方米计量，按设计图示尺寸水平投影面积计算。 3. 以米计量，按设计图示尺寸长度计算。 4. 以个计量，按设计图示数量计算	1. 砂浆制作、运输 2. 砌砖 3. 刮缝 4. 材料运输
010404015	砖地沟、明沟	1. 砖品种、规格、强度等级 2. 沟截面尺寸 3. 垫层材料种类、厚度 4. 混凝土强度等级 5. 砂浆强度等级	m	以米计量，按设计图示以中心线长度计算	1. 土方挖、运、填 2. 铺设垫层 3. 底板混凝土制作、运输、浇筑、振捣、养护 4. 砌砖 5. 刮缝、抹灰 6. 材料运输

【例 3-5】 已知框架结构中柱的截面尺寸为KJ－1：500 mm×500 mm，梁的截面尺寸为L_1：400 mm×600 mm，层高为5.2 m，Ⓐ轴与②、③轴处设进户门13WMI1 500×2 400。内、外墙体分别采用M2.5混合砂浆370 mm砖砌体和M5混合砂浆370 mm砖砌体。计算图3-15所示的框架间墙体的工程量，试编制砖砌体工程量清单。

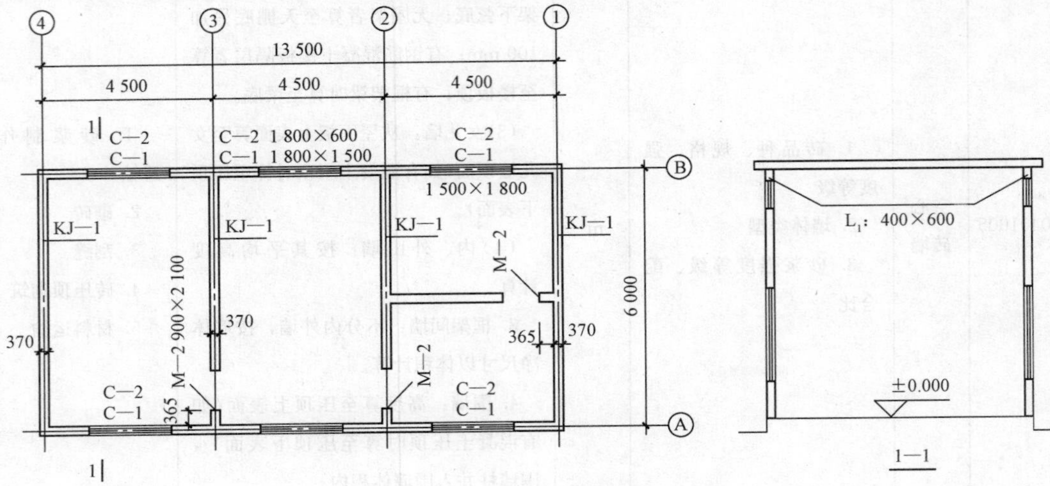

图 3-15 平面图及剖面图

【解】 计算墙体的工程量(表3-6)：

$V_{外}=[4.5\times3\times2\times(5.2-0.6)+6\times2\times(5.2-0.6)-1.5\times2.4-1.8\times1.5\times5-1.8\times0.6\times5]\times0.37-0.5\times0.5\times(5.2-0.6)\times2=55.75(m^3)$

$V_{内}=[(6-0.37)\times2\times(5.2-0.6)+(4.5-0.37)\times(5.2-0.6)-0.9\times2.1\times3]\times0.37-0.5\times0.5\times(5.2-0.6)\times2=21.80(m^3)$

表 3-6 分部分项工程和单价措施项目清单与计价表

序号	项目编码	项目名称	项目特征描述	计量单位	工程量	金额/元		
						综合单价	合价	其中：暂估价
1	010401003001	实心砖墙	1. 砖品种、规格、强度等级：370 mm砖墙 2. 墙体类型：外墙 3. 砂浆强度等级、配合比：M5混合砂浆	m^3	59.02			
2	010401003002	实心砖墙	1. 砖品种、规格、强度等级：370 mm砖墙 2. 墙体类型：内墙 3. 砂浆强度等级、配合比：M2.5混合砂浆	m^3	27.01			

3.5.2　砌块砌体

1. 概念

砌体主要由块材和砂浆组成，其中砂浆作为胶结材料将块材结合成整体，以满足正常使用要求及承受结构的各种荷载。砌筑用砖又分为实心砖和空心砖两种。根据使用材料和制作方法的不同，实心砖又分为烧结普通砖、蒸压灰砂砖、粉煤灰砖和炉渣砖等。空心砖的规格为190 mm×190 mm×90 mm、240 mm×115 mm×90 mm、240 mm×180 mm×115 mm 等几种。

2. 种类

砌块砌体分为砌块墙和砌块柱两种，详见表 3-7。

表 3-7　砌块砌体

项目编码	项目名称	项目特征	计量单位	工程量计算规则	工作内容
010402001	砌块墙	1. 砌块品种、规格、强度等级 2. 墙体类型 3. 砂浆强度等级	m^3	按设计图示尺寸以体积计算。 扣除门窗、洞口、嵌入墙内的钢筋混凝土柱、梁、圈梁、挑梁、过梁及凹进墙内的壁龛、管槽、暖气槽、消火栓箱所占体积，不扣除梁头、板头、檩头、垫木、木楞头、沿缘木、木砖、门窗走头、砌块墙内加固钢筋、木筋、铁件、钢管及单个面积≤0.3 m^2 的孔洞所占的体积。凸出墙面的腰线、挑檐、压顶、窗台线、虎头砖、门窗套的体积亦不增加。凸出墙面的砖垛并入墙体体积内计算。 1. 墙长度：外墙按中心线、内墙按净长计算。 2. 墙高度： (1)外墙：斜(坡)屋面无檐口天棚者算至屋面板底；有屋架且室内外均有天棚者算至屋架下弦底另加 200 mm；无天棚者算至屋架下弦底另加 300 mm，出檐宽度超过 600 mm 时按实砌高度计算；与钢筋混凝土楼板隔层者算至板顶；平屋面算至钢筋混凝土板底。 (2)内墙：位于屋架下弦者，算至屋架下弦底；无屋架者算至天棚底另加 100 mm；有钢筋混凝楼板隔层者算至楼板顶；有框架梁时算至梁底。 (3)女儿墙：从屋面板上表面算至女儿墙顶面(如有混凝土压顶时算至压顶下表面)。 (4)内、外山墙：按其平均高度计算。 3. 框架间墙：不分内外墙按墙体净尺寸以体积计算。 4. 围墙：高度算至压顶上表面(如有混凝土压顶时算至压顶下表面)，围墙柱并入围墙体积内	1. 砂浆制作、运输 2. 砌砖、砌块 3. 勾缝 4. 材料运输

续表

项目编码	项目名称	项目特征	计量单位	工程量计算规则	工作内容
010402002	砌块柱	1. 砌块品种、规格、强度等级 2. 墙体类型 3. 砂浆强度等级	m^3	按设计图示尺寸以体积计算。扣除混凝土及钢筋混凝土梁垫、梁头、板头所占体积	1. 砂浆制作、运输 2. 砌砖、砌块 3. 勾缝 4. 材料运输

3.5.3 石砌体

1. 概念

石砌体所用的石材应质地坚实，无风化剥落和裂纹。其用于清水墙、柱表面的石材，还应色泽均匀。

砌筑用石有毛石和料石两类。毛石分为乱毛石和平毛石。乱毛石是指形状不规则的石块；平毛石是指形状不规则，但有两个平面大致平行的石块。毛石应呈块状，其中部厚度不宜小于 150 mm。料石按其加工面的平整程度分为细料石、粗料石和毛料石三种。石材的强度等级为 MU100、MU80、MU60、MU50、MU40、MU30、MU20、MU15 和 MU10。

2. 种类

石砌体的种类有石基础、石勒脚、石墙、石挡土墙、石柱、石栏杆、石护坡、石台阶、石地沟等，详见表 3-8。

表 3-8　石砌体

项目编码	项目名称	项目特征	计量单位	工程量计算规则	工作内容
010403001	石基础	1. 石料种类、规格 2. 基础类型 3. 砂浆强度等级	m^3	按设计图示尺寸以体积计算。包括附墙垛基础宽出部分体积，不扣除基础砂浆防潮层及单个面积≤0.3 m^2 的孔洞所占体积，靠墙暖气沟的挑檐不增加体积。基础长度：外墙按中心线，内墙按净长计算	1. 砂浆制作、运输 2. 吊装 3. 砌石 4. 防潮层铺设 5. 材料运输
010403002	石勒脚	1. 石料种类、规格 2. 石表面加工要求 3. 勾缝要求 4. 砂浆强度等级、配合比	m^3	按设计图示尺寸以体积计算，扣除单个面积>0.3 m^2 的孔洞所占的体积	1. 砂浆制作、运输 2. 吊装 3. 砌石 4. 石表面加工 5. 勾缝 6. 材料运输

续表

项目编码	项目名称	项目特征	计量单位	工程量计算规则	工作内容
010403003	石墙	1. 石料种类、规格 2. 石表面加工要求 3. 勾缝要求 4. 砂浆强度等级、配合比	m^3	按设计图示尺寸以体积计算。 扣除门窗、洞口、嵌入墙内的钢筋混凝土柱、梁、圈梁、挑梁、过梁及凹进墙内的壁龛、管槽、暖气槽、消火栓箱所占体积，不扣除梁头、板头、檩头、垫木、木楞头、沿缘木、木砖、门窗走头、石墙内加固钢筋、木筋、铁件、钢管及单个面积≤0.3 m^2 的孔洞所占的体积。凸出墙面的腰线、挑檐、压顶、窗台线、虎头砖、门窗套的体积亦不增加。凸出墙面的砖垛并入墙体体积内计算。 1. 墙长度：外墙按中心线、内墙按净长计算。 2. 墙高度： (1)外墙：斜(坡)屋面无檐口天棚者算至屋面板底；有屋架且室内外均有天棚者算至屋架下弦底另加 200 mm；无天棚者算至屋架下弦底另加 300 mm，出檐宽度超过 600 mm 时按实砌高度计算；平屋顶算至钢筋砼板底。 (2)内墙：位于屋架下弦者，算至屋架下弦底；无屋架者算至天棚底另加 100 mm；有钢筋混凝土楼板隔层者算至楼板顶；有框架梁时算至梁底。 (3)女儿墙：从屋面板上表面算至女儿墙顶面(如有混凝土压顶时算至压顶下表面)。 (4)内、外山墙：按其平均高度计算。 3. 围墙：高度算至压顶上表面(如有混凝土压顶时算至压顶下表面)，围墙柱并入围墙体积内	1. 砂浆制作、运输 2. 吊装 3. 砌石 4. 石表面加工 5. 勾缝 6. 材料运输
010403004	石挡土墙			按设计图示尺寸以体积计算	1. 砂浆制作、运输 2. 吊装 3. 砌石 4. 变形缝、泄水孔、压顶抹灰 5. 滤水层 6. 勾缝 7. 材料运输
010403005	石柱				1. 砂浆制作、运输 2. 吊装 3. 砌石 4. 石表面加工 5. 勾缝 6. 材料运输

续表

项目编码	项目名称	项目特征	计量单位	工程量计算规则	工作内容
010403007	石护坡	1. 垫层材料种类、厚度 2. 石料种类、规格 3. 护坡厚度、高度 4. 石表面加工要求 5. 勾缝要求 6. 砂浆强度等级、配合比	m^3	按设计图示尺寸以体积计算	1. 砂浆制作、运输 2. 吊装 3. 砌石 4. 石表面加工 5. 勾缝 6. 材料运输
010403010	石地沟、明沟	1. 沟截面尺寸 2. 土壤类别、运距 3. 垫层材料种类、厚度 4. 石料种类、规格 5. 石表面加工要求 6. 勾缝要求 7. 砂浆强度等级、配合比	m	按设计图示以中心线长度计算	1. 土方挖、运 2. 砂浆制作、运输 3. 铺设垫层 4. 砌石 5. 石表面加工 6. 勾缝 7. 回填 8. 材料运输

【例 3-6】 求图 3-16 所示全长 60 m 的毛石挡土墙基础、墙身的工程量，试编制毛石工程量清单。

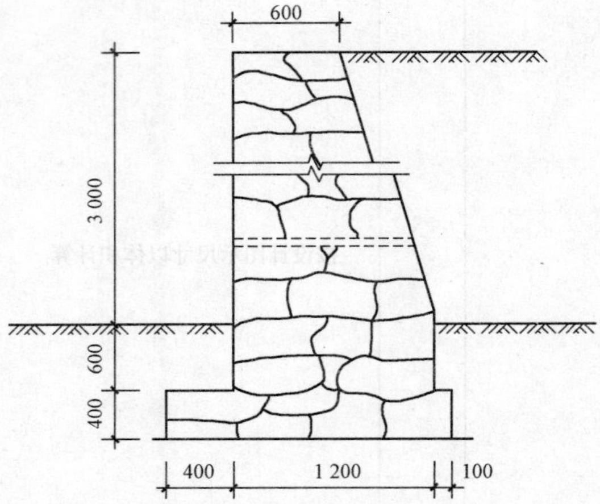

图 3-16　毛石基础图

【解】 基础、墙身应分别计算工程量(表 3-9)。

(1)基础工程量：$V_{基础}=(1.7\times0.4+1.2\times0.6)\times60=84(m^3)$

(2)墙身工程量：$V_{墙身}=(1.2+0.6)\div2\times3\times60=162(m^3)$

表 3-9 分部分项工程和单价措施项目清单与计价表

序号	项目编码	项目名称	项目特征描述	计量单位	工程量	金额/元		
						综合单价	合价	其中：暂估价
1	010403001001	石基础	1. 石料品种、规格：毛石基础 2. 基础类型：条形 3. 砂浆强度等级	m^3	84			
2	010403004001	石挡土墙	1. 石料品种、规格：毛石挡土墙 2. 石表面加工要求 3. 勾缝要求 4. 砂浆强度等级、配合比	m^3	162			

3.5.4 垫层

1. 概念

垫层是指设于基层以下的结构层。其主要作用是隔水、排水、防冻以改善基层和土基的工作条件，其水稳定性要求较高。

2. 种类

常见的垫层有混凝土、三合土、炉渣、矿渣、砂、石等，详见表 3-10。

表 3-10 垫层

项目编码	项目名称	项目特征	计量单位	工程量计算规则	工作内容
010404001	垫层	垫层材料种类、配合比、厚度	m^3	按设计图示尺寸以立方米计算	1. 垫层材料的拌制 2. 垫层铺设 3. 材料运输

【例 3-7】 如图 3-17 所示，条形基础垫层为 100 mm 厚 C15 素混凝土，试求其基础垫层工程量，并编制垫层工程量清单。

【解】 外墙基础垫层工程量：$V_{外}=(3+3.6+5.1)\times2\times1.4\times0.1=3.276(m^3)$

内墙基础垫层工程量：$V_{内}=(5.1-0.7\times2)\times1.4\times0.1=0.518(m^3)$

条形基础垫层工程量(表 3-11)：$V=V_{外}+V_{内}=3.276+0.518=3.794(m^3)$

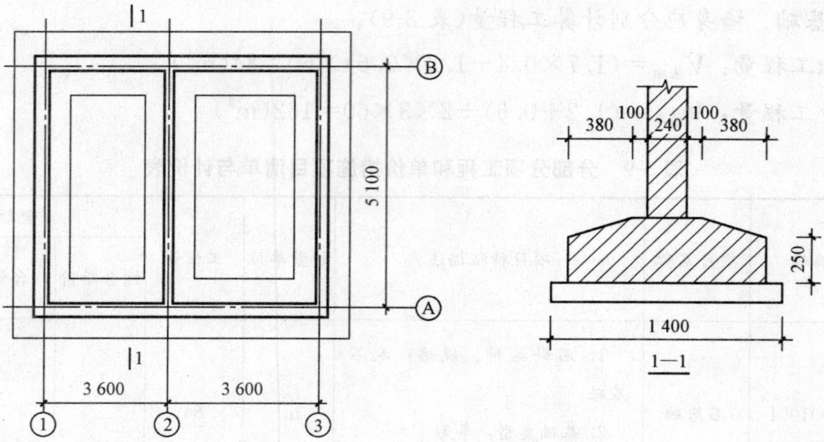

图 3-17　条形基础平面图及剖面图

表 3-11　分部分项工程和单价措施项目清单与计价表

序号	项目编码	项目名称	项目特征描述	计量单位	工程量	金额/元		
						综合单价	合价	其中：暂估价
1	010404001001	垫层	1. 材料种类：混凝土垫层 2. 垫层厚度：100 mm 3. 混凝土强度等级：C15 4. 模板安拆	m^3	3.794			

3.6　混凝土与钢筋混凝土工程

3.6.1　现浇混凝土基础

1. 概念

以混凝土材料为主，并根据需要配置钢筋、预应力筋、钢骨、钢管或纤维等形成的主要承重结构，均可称为混凝土结构。其工作内容主要包括模板及支撑制作、安装、拆除、堆放、运输及清理模内杂物、刷隔离剂等；混凝土制作、运输、浇筑、振捣、养护及地脚螺栓二次灌浆等工作。

2. 种类

常见的现浇混凝土基础有垫层、带形基础、独立基础、满堂基础、桩承台基础、设备基础等，详见表 3-12。

表 3-12　现浇混凝土基础

项目编码	项目名称	项目特征	计量单位	工程量计算规则	工作内容
010501001	垫层	1. 混凝土类别 2. 混凝土强度等级	m^3	按设计图示尺寸以体积计算。不扣除伸入承台基础的桩头所占体积	1. 模板及支撑制作、安装、拆除、堆放、运输及清理模内杂物、刷隔离剂等 2. 混凝土制作、运输、浇筑、振捣、养护

【例 3-8】 如图 3-18 所示，现浇有梁式满堂基础混凝土，其混凝土强度等级为 C20，计算现浇有梁式满堂基础工程量，并试着编制有梁式满堂基础工程量清单。

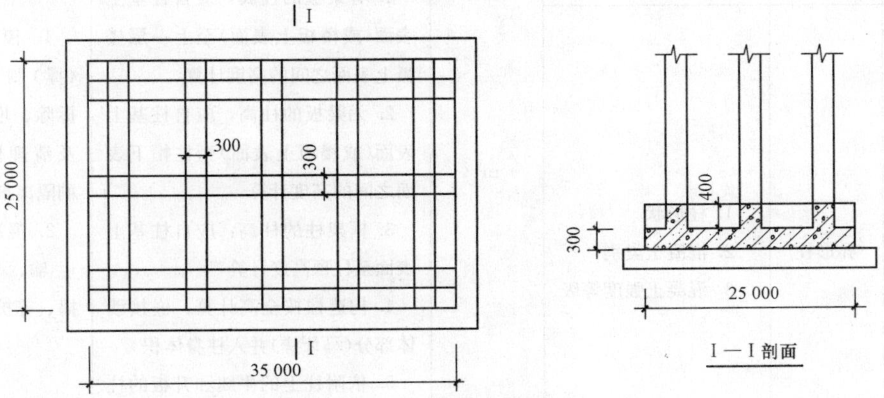

图 3-18　梁式满堂基础平面图及剖面图

【解】 有梁式满堂基础混凝土工程量(表 3-13)：

$$V=35\times25\times0.3+[35\times3+(25-0.3\times3)\times5]\times0.3\times0.4=289.56(m^3)$$

表 3-13　分部分项工程和单价措施项目清单与计价表

序号	项目编码	项目名称	项目特征描述	计量单位	工程量	金额/元		
						综合单价	合价	其中：暂估价
1	010501004001	垫层	1. 混凝土种类：现浇混凝土 2. 混凝土强度等级：C20 3. 模板安拆	m^3	289.56			

3.6.2　现浇混凝土框架柱

1. 概念

框架柱是指在框架结构中承受梁和板传来的荷载，并将荷载传递给基础，是主要的竖向受力构件。需要通过计算配筋。

2. 种类

现浇混凝土框架柱分为矩形柱、构造柱、异形柱三种，详见表 3-14。

表 3-14 现浇混凝土柱

项目编码	项目名称	项目特征	计量单位	工程量计算规则	工作内容
010502001	矩形柱	1. 混凝土类别 2. 混凝土强度等级	m^3	按设计图示尺寸以体积计算。 柱高： 1. 有梁板的柱高，应自柱基上表面(或楼板上表面)至上一层楼板上表面之间的高度计算 2. 无梁板的柱高，应自柱基上表面(或楼板上表面)至柱帽下表面之间的高度计算 3. 框架柱的柱高：应自柱基上表面至柱顶高度计算 4. 构造柱按全高计算，嵌接墙体部分(马牙槎)并入柱身体积 5. 依附柱上的牛腿和升板的柱帽，并入柱身体积计算	1. 模板及支架(撑)制作、安装、拆除、堆放、运输及清理模内杂物、刷隔离剂等 2. 混凝土制作、运输、浇筑、振捣、养护
010502002	构造柱				
010502003	异形柱	1. 柱形状 2. 混凝土类别 3. 混凝土强度等级			

【例 3-9】 如图 3-19 所示，某工程 C20 现浇混凝土框架柱 400 mm×300 mm，层高为 3.9 m，板厚为 100 mm，求框架柱的混凝土工程量，试着编制框架柱混凝土的工程量清单。

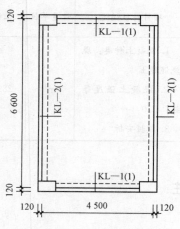

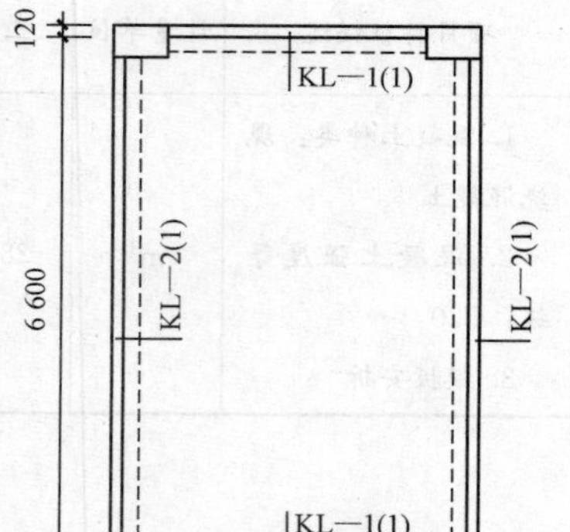

图 3-19 框架柱平面示意

【解】 框架柱的工程量(详见表 3-15)：

$$V=0.4\times0.3\times3.9\times4=1.872(m^3)$$

表 3-15 分部分项工程和单价措施项目清单与计价表

序号	项目编码	项目名称	项目特征描述	计量单位	工程量	金额/元		
						综合单价	合价	其中：暂估价
1	010502001001	垫层	1. 混凝土种类：现浇混凝土 2. 混凝土强度等级：C20 3. 模板安拆	m^3	1.872			

3.6.3 现浇混凝土框架梁

1. 概念

框架梁是框架结构房屋的主要承受竖向荷载的构件，它与框架柱组成框架，是房屋承受全部荷载(包括风载、地震水平作用)的骨架，其截面尺寸、混凝土等级及配筋需要框架分析计算并按抗震规范进行配置。

2. 种类

现浇混凝土框架梁分为基础梁、矩形梁、异形梁、圈梁、过梁、弧形梁、拱形梁七种，详见表 3-16。

表 3-16 现浇混凝土梁

项目编码	项目名称	项目特征	计量单位	工程量计算规则	工作内容
010503001	基础梁	1. 混凝土类别 2. 混凝土强度等级	m^3	按设计图示尺寸以体积计算。 梁长： 1. 梁与柱连接时，梁长算至柱侧面 2. 主梁与次梁连接时，次梁长算至主梁侧面	1. 模板及支撑(架)制作、安装、拆除、堆放、运输及清理模内杂物、刷隔离剂等 2. 混凝土制作、运输、浇筑、振捣、养护
010503002	矩形梁				
010503003	异形梁				
010503004	圈梁				
010503005	过梁				

续表

项目编码	项目名称	项目特征	计量单位	工程量计算规则	工作内容
010503006	弧形、拱形梁	1. 混凝土种类 2. 混凝土强度等级	m^3	按设计图示尺寸以体积计算。 梁长： 1. 梁与柱连接时，梁长算至柱侧面 2. 主梁与次梁连接时，次梁长算至主梁侧面	1. 模板及支架(撑)制作、安装、拆除、堆放、运输及清理模内杂物、刷隔离剂等 2. 混凝土制作、运输、浇筑、振捣、养护

【例 3-10】 某工程结构平面如图 3-20 所示，框架梁 KL—1：300 mm×600 mm，框架梁 KL—2：250 mm×500 mm，采用 C25 现浇混凝土，柱截面尺寸为 350 mm×350 mm，求框架梁 KL—1、KL—2 的混凝土工程量，试编制梁混凝土的工程量清单。

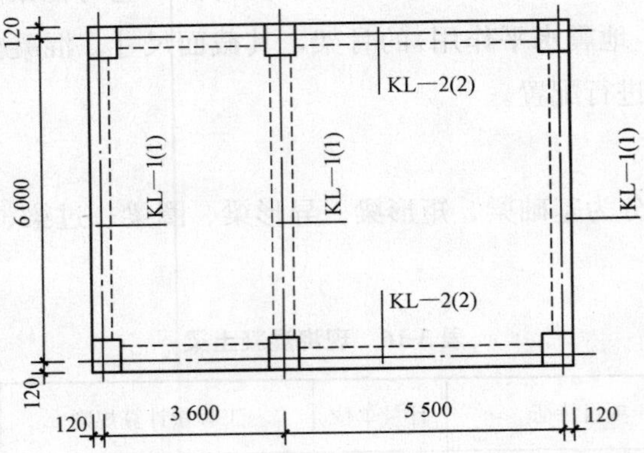

图 3-20　框架梁平面示意

【解】 梁的混凝土量：

KL—1：$L=6+0.12\times2-0.35\times2=5.54$(m)

KL—2：$L=3.6+5.5+0.24-0.35\times3=8.29$(m)

KL—1：$V_1=0.3\times0.6\times5.54\times3=2.992(m^3)$

KL—2：$V_2=0.25\times0.5\times8.29\times2=2.073(m^3)$

框架梁：$V=V_1+V_2=2.992+2.073=5.065(m^3)$

框架梁的混凝土工程量见表 3-17。

表 3-17 分部分项工程和单价措施项目清单与计价表

序号	项目编码	项目名称	项目特征描述	计量单位	工程量	金额/元		
						综合单价	合价	其中：暂估价
1	010503002001	矩形梁	1. 混凝土种类：现浇混凝土 2. 混凝土强度等级：C25 3. 模板安拆	m^3	5.065			

3.6.4 现浇混凝土板

1. 概念

现浇混凝土板主要包括有梁板、无梁板、平板等。有梁板是指在模板、钢筋安装完毕后，将板与梁同时浇筑成一个整体的结构件。其通常有井字形板、肋形板。无梁板是指将板直接支承在墙和柱上，不设置梁的板。平板是指既无柱支承，又非现浇梁板结构，而周边直接由墙来支承的现浇钢混凝土板。通常这种板多用于较小跨度的位置，如建筑中的浴室、卫生间、走廊等跨度在 3 m 以内，板厚 60～80 mm 的板。

2. 种类

现浇混凝土板有梁板、无梁板、平板、拱板、薄壳板、栏板、天沟(檐沟)、挑檐板、雨篷、悬挑板、阳台板等，详见表 3-18。

表 3-18 现浇混凝土板

项目编码	项目名称	项目特征	计量单位	工程量计算规则	工作内容
010505001	有梁板	1. 混凝土种类 2. 混凝土强度等级	m^3	按设计图示尺寸以体积计算，不扣除单个面积≤0.3 m^2 的柱、垛以及孔洞所占体积。 压形钢板混凝土楼板扣除构件内压形钢板所占体积。 有梁板(包括主、次梁与板)按梁、板体积之和计算，无梁板按板和柱帽体积之和计算，各类板伸入墙内的板头并入板体积内，薄壳板的肋、基梁并入薄壳体积内计算	1. 模板及支架(撑)制作、安装、拆除、堆放、运输及清理模内杂物、刷隔离剂等 2. 混凝土制作、运输、浇筑、振捣、养护
010505002	无梁板				
010505003	平板				
010505004	拱板				
010505005	薄壳板				
010505006	栏板				

续表

项目编码	项目名称	项目特征	计量单位	工程量计算规则	工作内容
010505007	天沟(檐沟)、挑檐板			按设计图示尺寸以体积计算	1. 模板及支架(撑)制作、安装、拆除、堆放、运输及清理模内杂物、刷隔离剂等 2. 混凝土制作、运输、浇筑、振捣、养护
010505008	雨篷、悬挑板、阳台板	1. 混凝土种类 2. 混凝土强度等级	m^3	按设计图示尺寸以墙外部分体积计算。包括伸出墙外的牛腿和雨篷反挑檐的体积	
010505009	其他板			按设计图示尺寸以体积计算	

【例 3-11】 如图 3-21 所示，某工程现浇 C20 钢筋混凝土平板(板厚为 120 mm)。计算钢筋混凝土平板混凝土工程量，并试编制板混凝土的工程量清单。

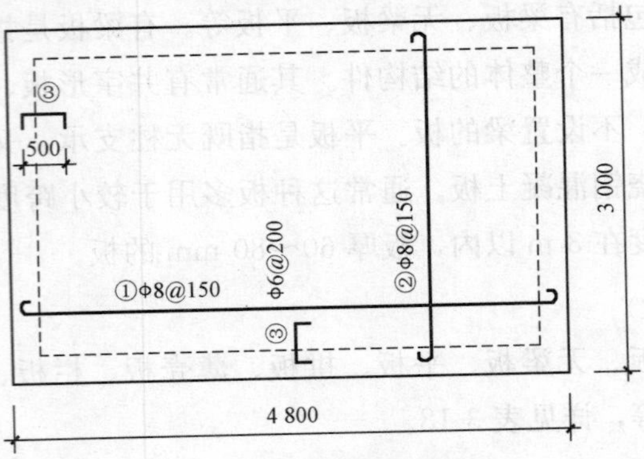

图 3-21 板平面示意图

【解】 板的混凝土工程量(表 3-19)：

$$V=0.12\times4.8\times3=1.728(m^3)$$

表 3-19 分部分项工程和单价措施项目清单与计价表

序号	项目编码	项目名称	项目特征描述	计量单位	工程量	金额/元		
						综合单价	合价	其中：暂估价
1	010505003001	平板	1. 混凝土种类：现浇混凝土 2. 混凝土强度等级：C20 3. 模板安拆	m^3	1.728			

3.6.5 现浇混凝土楼梯

1. 概念

现浇混凝土楼梯是指建筑物中作为楼层间垂直交通用的构件。其用于楼层之间和高差较大时的交通联系。在设有电梯、自动梯作为主要垂直交通手段的多层和高层建筑中也要设置楼梯。楼梯按照空间可划分为室内楼梯和室外楼梯。

2. 种类

现浇混凝土楼梯包括直行楼梯、弧形楼梯两种，见表 3-20。

表 3-20 现浇混凝土楼梯

项目编码	项目名称	项目特征	计量单位	工程量计算规则	工作内容
010506001	直形楼梯	1. 混凝土种类 2. 混凝土强度等级	1. m^2 2. m^3	1. 以平方米计量，按设计图示尺寸以水平投影面积计算。不扣除宽度≤500 mm 的楼梯井，伸入墙内部分不计算。 2. 以立方米计量，按设计图示尺寸以体积计算	1. 模板及支架(撑)制作、安装、拆除、堆放、运输及清理模内杂物、刷隔离剂等 2. 混凝土制作、运输、浇筑、振捣、养护
010506002	弧形楼梯				

【例 3-12】 某三层建筑现浇楼梯平面图如图 3-22 所示，楼梯混凝土强度等级为 C25，计算此楼梯混凝土工程量，试编制楼梯混凝土的工程量清单。

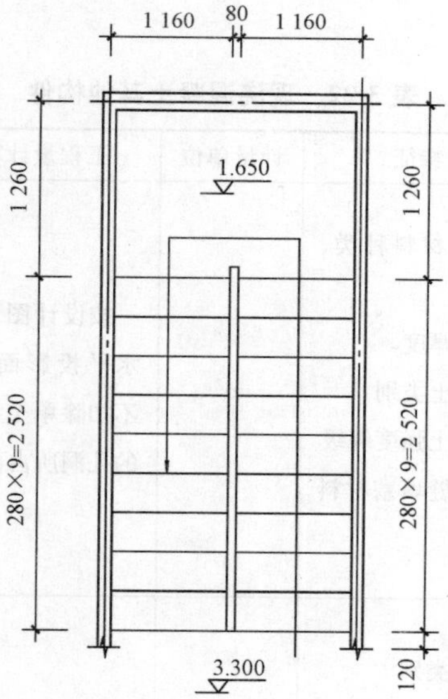

图 3-22 楼梯平面示意图

【解】 楼梯混凝土工程量(表 3-21)：

$$S=(0.12+0.28\times9+1.26-0.12)\times(1.16\times2+0.08-0.12\times2)\times2$$

$$=3.78\times2.16\times2=16.32(m^2)$$

表 3-21　分部分项工程和单价措施项目清单与计价表

序号	项目编码	项目名称	项目特征描述	计量单位	工程量	金额/元		
						综合单价	合价	其中：暂估价
1	010506001001	直行楼梯	1. 混凝土种类：现浇混凝土 2. 混凝土强度等级：C25 3. 模板安拆	m^2	16.32			

3.6.6　现浇混凝土其他构件

1. 概念

现浇混凝土其他构件包括散水、坡道、室外地坪等。散水是指房屋等建筑物周围用砖石或混凝土铺成的保护层，其宽度多在一米上下，其作用是使雨水淌远一点然后渗入地下，以保护地基。

2. 种类

常见的现浇混凝土其他构件有散水、坡道、电缆沟、地沟、台阶、压顶、其他构件等，见表 3-22。

表 3-22　现浇混凝土其他构件

项目编码	项目名称	项目特征	计量单位	工程量计算规则	工作内容
010507001	散水、坡道	1. 垫层材料种类、厚度 2. 面层厚度 3. 混凝土类别 4. 混凝土强度等级 5. 变形缝填塞材料种类	m^2	按设计图示尺寸以水平投影面积计算。不扣除单个≤0.3 m^2的孔洞所占面积	1. 地基夯实 2. 铺设垫层 3. 模板及支撑制作、安装、拆除、堆放、运输及清理模内杂物、刷隔离剂等 4. 混凝土制作、运输、浇筑、振捣、养护 5. 变形缝填塞
010507003	电缆沟、地沟	1. 土壤类别 2. 沟截面净空尺寸 3. 垫层材料种类、厚度 4. 混凝土种类 5. 混凝土强度等级 6. 防护材料种类	m	按设计图示以中心线长度计算	1. 挖填、运土石方 2. 铺设垫层 3. 模板及支撑制作、安装、拆除、堆放、运输及清理模内杂物、刷隔离剂等 4. 混凝土制作、运输、浇筑、振捣、养护 5. 刷防护材料

续表

项目编码	项目名称	项目特征	计量单位	工程量计算规则	工作内容
010507004	台阶	1. 踏步高、宽 2. 混凝土种类 3. 混凝土强度等级	1. m^2 2. m^3	1. 以平方米计量，按设计图示尺寸水平投影面积计算。 2. 以立方米计量，按设计图示尺寸以体积计算	1. 模板及支撑制作、安装、拆除、堆放、运输及清理模内杂物、刷隔离剂等 2. 混凝土制作、运输、浇筑、振捣、养护
010507005	扶手、压顶	1. 断面尺寸 2. 混凝土种类 3. 混凝土强度等级	1. m 2. m^3	1. 以米计量，按设计图示的中心线延长米计算。 2. 以立方米计量，按设计图示尺寸以体积计算	1. 模板及支架(撑)制作、安装、拆除、堆放、运输及清理模内杂物、刷隔离剂等 2. 混凝土制作、运输、浇筑、振捣、养护
010507006	化粪池、检查井	1. 部位 2. 混凝土强度等级 3. 防水、抗渗要求	1. m^3 2. 座	1. 按设计图示尺寸以体积计算 2. 以座计量，按设计图示数量计算	1. 模板及支架(撑)制作、安装、拆除、堆放、运输及清理模内杂物、刷隔离剂等 2. 混凝土制作、运输、浇筑、振捣、养护
01050707	其他构件	1. 构件的类型 2. 构件规格 3. 部位 4. 混凝土种类 5. 混凝土强度等级	m^3		

3.6.7 后浇带

后浇带是指为防止现浇钢筋混凝土结构由于温度、收缩不均可能产生的有害裂缝，按照设计或施工规范要求，在板(包括基础底板)、墙、梁相应位置留设临时施工缝，将结构暂时划分为若干部分，经过构件内部收缩，在若干时间后再浇捣该施工缝混凝土，将结构连成整体。后浇带是解决沉降差、减少收缩应力的有效措施，故在工程中应用较多(表 3-23)。

表 3-23 后浇带

项目编码	项目名称	项目特征	计量单位	工程量计算规则	工作内容
010508001	后浇带	1. 混凝土种类 2. 混凝土强度等级	m^3	按设计图示尺寸以体积计算	1. 模板及支架(撑)制作、安装、拆除、堆放、运输及清理模内杂物、刷隔离剂等 2. 混凝土制作、运输、浇筑、振捣、养护及混凝土交接面、钢筋等的清理

3.6.8 预制构件

1. 概念

预制构件是指将建(构)筑物的混凝土构件预先制成，以供现场组配安装的工艺。采用混凝土预制构件进行装配化施工，比采用混凝土现浇工艺节省劳动力，并可以克服季节影响，提高建筑效率，因此，其是实现建筑工业化的重要途径之一。它包括普通混凝土构件预制和预应力混凝土构件预制。

2. 种类

预制构件包括预制混凝土柱、预制混凝土梁、预制混凝土板、预制混凝土楼梯和其他预制构件。

3.6.9 钢筋工程

1. 概念

钢筋是指钢筋混凝土中所用的长条钢材。按断面形状可分为圆钢筋、方钢筋等；按表面形状可分为光钢筋、竹节钢筋、螺纹钢筋等。钢筋也叫作钢骨。

2. 种类

钢筋工程有现浇构件钢筋、钢筋网片、预应力钢丝、预应力钢绞线、螺栓、预埋铁件、机械连接等，见表 3-24 和表 3-25。

表 3-24 钢筋工程

项目编码	项目名称	项目特征	计量单位	工程量计算规则	工作内容
010515001	现浇构件钢筋	钢筋种类、规格	t	按设计图示钢筋(网)长度(面积)乘单位理论质量计算	1. 钢筋制作、运输 2. 钢筋安装 3. 焊接
010515002	钢筋网片				1. 钢筋网制作、运输 2. 钢筋网安装 3. 焊接(绑扎)
010515003	钢筋笼				1. 钢筋笼制作、运输 2. 钢筋笼安装 3. 焊接(绑扎)
010515004	先张法预应力钢筋	1. 钢筋种类、规格 2. 锚具种类		按设计图示钢筋长度乘单位理论质量计算	1. 钢筋制作、运输 2. 钢筋张拉

续表

项目编码	项目名称	项目特征	计量单位	工程量计算规则	工作内容
010515005	后张法预应力钢筋	1. 钢筋种类、规格 2. 钢丝种类、规格 3. 钢绞线种类、规格 4. 锚具种类 5. 砂浆强度等级	t	按设计图示钢筋(丝束、绞线)长度乘以单位理论质量计算。 1. 低合金钢筋两端均采用螺杆锚具时，钢筋长度按孔道长度减 0.35 m 计算，螺杆另行计算 2. 低合金钢筋一端采用镦头插片、另一端采用螺杆锚具时，钢筋长度按孔道长度计算，螺杆另行计算 3. 低合金钢筋一端采用镦头插片，另一端采用帮条锚具时，钢筋增加 0.15 m 计算；两端均采用帮条锚具时，钢筋长度按孔道长度增加 0.3 m 计算 4. 低合金钢筋采用后张混凝土自锚时，钢筋长度按孔道长度增加 0.35 m 计算 5. 低合金钢筋(钢绞线)采用 JM、XM、QM 型锚具，孔道长度≤20 m 时，钢筋长度增加 1 m 计算，孔道长度＞20 m 时，钢筋长度增加 1.8 m 计算 6. 碳素钢丝采用锥形锚具，孔道长度≤20 m 时，钢丝束长度按孔道长度增加 1 m 计算，孔道长度＞20 m 时，钢丝束长度按孔道长度增加 1.8 m 计算 7. 碳素钢丝采用镦头锚具时，钢丝束长度按孔道长度增加 0.35 m 计算	1. 钢筋、钢丝、钢绞线制作、运输 2. 钢筋、钢丝、钢绞线安装 3. 预埋管孔道铺设 4. 锚具安装 5. 砂浆制作、运输 6. 孔道压浆、养护
010515006	预应力钢丝				
010515007	预应力钢绞线				

表 3-25　螺栓、铁件

项目编码	项目名称	项目特征	计量单位	工程量计算规则	工作内容
010516001	螺栓	1. 螺栓种类 2. 规格	t	按设计图示尺寸以质量计算	1. 螺栓、铁件制作、运输 2. 螺栓、铁件安装
010516002	预埋铁件	1. 钢材种类 2. 规格 3. 铁件尺寸			
010516003	机械连接	1. 连接方式 2. 螺纹套筒种类 3. 规格	个	按数量计算	1. 钢筋套丝 2. 套筒连接

3.7　金属结构工程

3.7.1　钢网架

钢网架是指用无缝钢管、钢球、高强度螺栓制成的网状式桁架。钢网架工程量清单内容见表 3-26。

表 3-26　钢网架

项目编码	项目名称	项目特征	计量单位	工程量计算规则	工作内容
010601001	钢网架	1. 钢材品种、规格 2. 网架节点形式、连接方式 3. 网架跨度、安装高度 4. 探伤要求 5. 防火要求	t	按设计图示尺寸以质量计算。不扣除孔眼的质量，焊条、铆钉、螺栓等不另增加质量	1. 拼装 2. 安装 3. 探伤 4. 补刷油漆

3.7.2　钢屋架、钢托架、钢桁架、钢桥架

(1)钢屋架是指工字形变截面实腹焊接屋架钢板焊接工字形截面、实腹式变截面的腹板制作而成的屋架。单榀重 5 t 内、10 t 内、10 t 以外。

(2)托架就是桁架的一种。屋架分为三角形的和梯形两种。它是平面体系，一榀一榀的；网架是空间体系，是一个整体。钢托架是支承钢屋架(或钢桁架)用的。

(3)钢桁架是指用钢材制造的桁架工业与民用建筑的屋盖结构吊车梁、桥梁和水工闸门等，常用钢桁架作为主要承重构件。桁架结构中的桁架指的是桁架梁，是格构化的一种梁

式结构。桁架结构常用于大跨度的厂房、展览馆、体育馆和桥梁等公共建筑中。

钢屋架、钢托架、钢桁架、钢桥架工程量清单内容见表 3-27。

表 3-27　钢屋架、钢托架、钢桁架、钢桥架

项目编码	项目名称	项目特征	计量单位	工程量计算规则	工作内容
010602001	钢屋架	1. 钢材品种、规格 2. 单榀质量 3. 屋架跨度、安装高度 4. 螺栓种类 5. 探伤要求 6. 防火要求	1. 榀 2. t	1. 以榀计量，按设计图示数量计算 2. 以吨计量，按设计图示尺寸以质量计算。不扣除孔眼的质量，焊条、铆钉、螺栓等不另增加质量	1. 拼装 2. 安装 3. 探伤 4. 补刷油漆
010602002	钢托架	1. 钢材品种、规格 2. 单榀质量 3. 安装高度 4. 螺栓种类 5. 探伤要求 6. 防火要求	t	按设计图示尺寸以质量计算。不扣除孔眼的质量，焊条、铆钉、螺栓等不另增加质量	
010602003	钢桁架				
010602004	钢架桥	1. 桥类型 2. 钢材品种、规格 3. 单榀质量 4. 安装高度 5. 螺栓种类 6. 探伤要求			

3.7.3　钢柱

1. 概念

(1)实腹钢管柱、混凝土钢管柱。实腹钢管柱即用钢板卷焊而成钢管或用无缝钢管制成的钢柱。钢管内浇混凝土则为混凝土钢管柱。

(2)实腹箱形柱、混凝土箱形柱。实腹箱形柱即用钢板焊成封闭箱形的柱子，在箱内空间浇注混凝土则为混凝土箱形柱。

(3)焊接 H 型钢柱、热轧 H 型钢柱、混凝土焊接 H 型钢柱。焊接 H 型钢即用厚钢板(δ25、δ20)焊接而成 H 型的钢柱，热轧 H 型钢即直接用热轧 H400×300×10×16 或 H500×300×11×15、H900×300×16×28 制成的钢柱。H 型钢外浇混凝土，即混凝土焊接或热轧 H 型钢柱。

(4)十字形钢柱、混凝土十字形钢柱。十字形钢柱即用厚钢板 δ25 焊成十字形钢柱，十字形钢外浇混凝土即混凝土十字形钢柱。

2. 种类

钢柱可分为实腹钢柱、空腹钢柱、钢管柱三类，见表 3-28。

表 3-28 钢柱

项目编码	项目名称	项目特征	计量单位	工程量计算规则	工作内容
010603001	实腹钢柱	1. 柱类型 2. 钢材品种、规格 3. 单根柱质量 4. 螺栓种类 5. 探伤要求 6. 防火要求	t	按设计图示尺寸以质量计算。不扣除孔眼的质量，焊条、铆钉、螺栓等不另增加质量，依附在钢柱上的牛腿及悬臂梁等并入钢柱工程量内	1. 拼装 2. 安装 3. 探伤 4. 补刷油漆
010603002	空腹钢柱				
010603003	钢管柱	1. 钢材品种、规格 2. 单根柱质量 3. 螺栓种类 4. 探伤要求 5. 防火要求		按设计图示尺寸以质量计算。不扣除孔眼的质量，焊条、铆钉、螺栓等不另增加质量，钢管柱上的节点板、加强环、内衬管、牛腿等并入钢管柱工程量内	

3.7.4 钢梁

1. 概念

钢梁是指用钢材制造的梁。厂房中的吊车梁和工作平台梁、多层建筑中的楼面梁、屋顶结构中的檩条等，都可以采用钢梁。

2. 种类

钢梁分为钢梁、钢吊车梁两类，见表 3-29。

表 3-29 钢梁

项目编码	项目名称	项目特征	计量单位	工程量计算规则	工作内容
010604001	钢梁	1. 梁类型 2. 钢材品种、规格 3. 单根质量 4. 螺栓种类 5. 安装高度 6. 探伤要求 7. 防火要求	t	按设计图示尺寸以质量计算。不扣除孔眼的质量，焊条、铆钉、螺栓等不另增加质量，制动梁、制动板、制动桁架、车挡并入钢吊车梁工程量内	1. 拼装 2. 安装 3. 探伤 4. 补刷油漆

续表

项目编码	项目名称	项目特征	计量单位	工程量计算规则	工作内容
010604002	钢吊车梁	1. 钢材品种、规格 2. 单根质量 3. 螺栓种类 4. 安装高度 5. 探伤要求 6. 防火要求	t	按设计图示尺寸以质量计算。不扣除孔眼的质量，焊条、铆钉、螺栓等不另增加质量，制动梁、制动板、制动桁架、车挡并入钢吊车梁工程量内	1. 拼装 2. 安装 3. 探伤 4. 补刷油漆

3.7.5 压型钢板、墙板

1. 概念

压型钢板：组合板中采用的压型钢板净厚度不小于 0.75 mm，最好控制在 1.0 mm 以上。为便于浇筑混凝土，要求压型钢板平均槽宽不小于 50 mm，当在槽内设置圆柱头焊钉时，压型钢板总高度(包括压痕在内)不应超过 80 mm。组合楼板中压型钢板外表面应有保护层，以防御施工和使用过程中大气的侵蚀。

压型钢板具有单位质量轻、强度高、抗震性能好、施工快速、外形美观等优点，是良好的建筑材料和构件，主要用于围护结构、楼板，也可用于其他构筑物。根据不同使用功能要求，压型钢板可压成波形、双曲波形、肋形、V 形、加劲型等。

2. 种类

压型钢板、钢板墙板工程量清单内容见表 3-30。

表 3-30　钢板楼板、钢板墙板

项目编码	项目名称	项目特征	计量单位	工程量计算规则	工作内容
010605001	钢板楼板	1. 钢材品种、规格 2. 钢板厚度 3. 螺栓种类 4. 防火要求	m^2	按设计图示尺寸以铺设水平投影面积计算。不扣除单个面积≤0.3 m^2 柱、垛及孔洞所占面积	1. 拼装 2. 安装 3. 探伤 4. 补刷油漆
010605002	钢板墙板	1. 钢材品种、规格 2. 钢板厚度、复合板厚度 3. 螺栓种类 4. 复合板夹芯材料种类、层数、型号、规格 5. 防火要求		按设计图示尺寸以铺挂展开面积计算。不扣除单个面积≤0.3 m^2 的梁、孔洞所占面积，包角、包边、窗台泛水等不另加面积	

3.7.6 钢构件

1. 概念

钢构件是指用钢板、角钢、槽钢、工字钢、焊接或热轧 H 型钢冷弯或焊接通过连接件连接而成的能承受和传递荷载的钢结构组合构件。

2. 种类

常见的钢构件有钢支撑、钢拉条、钢檩条、钢墙架、钢平台、钢走道、钢梯、钢板天沟、钢支架、零星钢构件等，详见表 3-31。

表 3-31 钢构件

项目编码	项目名称	项目特征	计量单位	工程量计算规则	工作内容
010606001	钢支撑、钢拉条	1. 钢材品种、规格 2. 构件类型 3. 安装高度 4. 螺栓种类 5. 探伤要求 6. 防火要求	t	按设计图示尺寸以质量计算。不扣除孔眼的质量，焊条、铆钉、螺栓等不另增加质量	1. 拼装 2. 安装 3. 探伤 4. 补刷油漆
010606002	钢檩条	1. 钢材品种、规格 2. 构件类型 3. 单根质量 4. 安装高度 5. 螺栓种类 6. 探伤要求 7. 防火要求			
010606005	钢墙架	1. 钢材品种、规格 2. 单榀质量 3. 螺栓种类 4. 探伤要求 5. 防火要求			
010606006	钢平台	1. 钢材品种、规格 2. 螺栓种类 3. 防火要求			
010606007	钢走道				
010606008	钢梯	1. 钢材品种、规格 2. 钢梯形式 3. 螺栓种类 4. 防火要求			

续表

项目编码	项目名称	项目特征	计量单位	工程量计算规则	工作内容
010606011	钢板天沟	1. 钢材品种、规格 2. 漏斗、天沟形式 3. 安装高度 4. 探伤要求	t	按设计图示尺寸以质量计算。不扣除孔眼的质量，焊条、铆钉、螺栓等不另增加质量，依附漏斗或天沟的型钢并入漏斗或天沟工程量内	1. 拼装 2. 安装 3. 探伤 4. 补刷油漆
010606012	钢支架	1. 钢材品种、规格 2. 单根质量 3. 防火要求		按设计图示尺寸以质量计算。不扣除孔眼的质量，焊条、铆钉、螺栓等不另增加质量	
010606013	零星钢构件	1. 构件名称 2. 钢材品种、规格			

3.8 木结构工程

3.8.1 木屋架

1. 概念

木屋架是指由木材制成的桁架式屋盖构建，其一般分为三角形和梯形两种。

2. 种类

框架分为木屋架、钢木屋架两类，见表 3-32。

表 3-32 木屋架

项目编码	项目名称	项目特征	计量单位	工程量计算规则	工作内容
010701001	木屋架	1. 跨度 2. 材料品种、规格 3. 刨光要求 4. 拉杆及夹板种类 5. 防护材料种类	1. 榀 2. m^3	1. 以榀计量，按设计图示数量计算 2. 以立方米计量，按设计图示的规格尺寸以体积计算	1. 制作 2. 运输 3. 安装 4. 刷防护材料
010701002	钢木屋架	1. 跨度 2. 木材品种、规格 3. 刨光要求 4. 钢材品种、规格 5. 防护材料种类	榀	以榀计量，按设计图示数量计算	

3.8.2 木构件

1. 适用范围

(1)“木柱”“木梁”项目适用于建筑物各部位的柱、梁。

(2)“木楼梯”项目适用于楼梯和爬梯。

(3)“其他木构件”项目适用于木楼地楞、封檐板、博风板等构件的制作、安装。

2. 种类

常见的木构件有木柱、木梁、木檩、木楼梯和其他木构件，见表 3-33。

表 3-33　木构件

项目编码	项目名称	项目特征	计量单位	工程量计算规则	工作内容
010702001	木柱	1. 构件规格尺寸 2. 木材种类 3. 刨光要求 4. 防护材料种类	m^3	按设计图示尺寸以体积计算	1. 制作 2. 运输 3. 安装 4. 刷防护材料
010702002	木梁				
010702003	木檩		1. m^3 2. m	1. 以立方米计量，按设计图示尺寸以体积计算 2. 以米计量，按设计图示尺寸以长度计算	
010702004	木楼梯	1. 楼梯形式 2. 木材种类 3. 刨光要求 4. 防护材料种类	m^2	按设计图示尺寸以水平投影面积计算。不扣除宽度≤300 mm 的楼梯井，伸入墙内部分不计算	
010702005	其他木构件	1. 构件名称 2. 构件规格尺寸 3. 木材种类 4. 刨光要求 5. 防护材料种类	1. m^3 2. m	1. 以立方米计量，按设计图示尺寸以体积计算 2. 以米计量，按设计图示尺寸以长度计算	

3.8.3　屋面木基层

屋面木基层是指坡屋面防水层(瓦)的基层，用以固定和承受防水材料，见表 3-34。它由一系列木构件组成，故称为木基层。屋面木基层包括屋面板、椽板、油毡、挂瓦条、顺水条。

表 3-34　屋面木基层

项目编码	项目名称	项目特征	计量单位	工程量计算规则	工作内容
010703001	屋面木基层	1. 椽子断面尺寸及椽距 2. 望板材料种类、厚度 3. 防护材料种类	m^2	按设计图示尺寸以斜面积计算。 不扣除房上烟囱、风帽底座、风道、小气窗、斜沟等所占面积。小气窗的出檐部分不增加面积	1. 椽子制作、安装 2. 望板制作、安装 3. 顺水条和挂瓦条制作、安装 4. 刷防护材料

3.9 门窗工程

1. 概念

门窗即门与窗。门窗按其所处的位置不同，分为围护构件或分隔构件。门窗根据不同的设计要求，可分别具有保温、隔热、隔声、防水、防火等功能。由于寒冷地区由门窗缝隙而损失的热量，占全部采暖耗热量的25%左右，故对门窗的密闭性要求，也是节能设计中的重要内容。门和窗是建筑物围护结构系统中重要的组成部分。

2. 种类

门窗工程有木门、金属门、厂库房大门、特种门、其他门、木窗、金属窗、门窗套、窗台板等，见表3-35～表3-42。

表 3-35 木门

项目编码	项目名称	项目特征	计量单位	工程量计算规则	工作内容
010801001	木质门	1. 门代号及洞口尺寸 2. 镶嵌玻璃品种、厚度	1. 樘 2. m^2	1. 以樘计量，按设计图示数量计算 2. 以平方米计量，按设计图示洞口尺寸以面积计算	1. 门安装 2. 玻璃安装 3. 五金安装
010801002	木质门带套				
010801003	木质防火门				
010801004	木质连窗门				
010801005	木门框	1. 门代号及洞口尺寸 2. 框截面尺寸 3. 防护材料种类	1. 樘 2. m	1. 以樘计量，按设计图示数量计算 2. 以米计量，按设计图示框的中心线以延长米计算	1. 木门框制作、安装 2. 运输 3. 刷防护材料
010801006	门锁安装	1. 锁品种 2. 锁规格	个 (套)	按设计图示数量计算	安装

表 3-36 金属门

项目编码	项目名称	项目特征	计量单位	工程量计算规则	工作内容
010802001	金属(塑钢)门	1. 门代号及洞口尺寸 2. 门框或扇外围尺寸 3. 门框、扇材质 4. 玻璃品种、厚度	1. 樘 2. m^2	1. 以樘计量，按设计图示数量计算 2. 以平方米计量，按设计图示洞口尺寸以面积计算	1. 门安装 2. 五金安装 3. 玻璃安装

续表

项目编码	项目名称	项目特征	计量单位	工程量计算规则	工作内容
010802002	彩板门	1. 门代号及洞口尺寸 2. 门框或扇外围尺寸	1. 樘 2. m^2	1. 以樘计量，按设计图示数量计算 2. 以平方米计量，按设计图示洞口尺寸以面积计算	1. 门安装 2. 五金安装 3. 玻璃安装
010802003	钢质防火门	1. 门代号及洞口尺寸 2. 门框或扇外围尺寸 3. 门框、扇材质			
010702004	防盗门				1. 门安装 2. 五金安装

表 3-37　厂库房大门、特种门

项目编码	项目名称	项目特征	计量单位	工程量计算规则	工作内容
010804001	木板大门	1. 门代号及洞口尺寸 2. 门框或扇外围尺寸 3. 门框、扇材质 4. 五金种类、规格 5. 防护材料种类	1. 樘 2. m^2	1. 以樘计量，按设计图示数量计算 2. 以平方米计量，按设计图示洞口尺寸以面积计算	1. 门(骨架)制作、运输 2. 门、五金配件安装 3. 刷防护材料
010804002	钢木大门				
010804003	全钢板大门				
010804004	防护铁丝门			1. 以樘计量，按设计图示数量计算 2. 以平方米计量，按设计图示门框或扇以面积计算	
010804005	金属格栅门	1. 门代号及洞口尺寸 2. 门框或扇外围尺寸 3. 门框、扇材质 4. 启动装置的品种、规格		1. 以樘计量，按设计图示数量计算 2. 以平方米计量，按设计图示洞口尺寸以面积计算	1. 门安装 2. 启动装置、五金配件安装
010804006	钢质花饰大门	1. 门代号及洞口尺寸 2. 门框或扇外围尺寸 3. 门框、扇材质		1. 以樘计量，按设计图示数量计算 2. 以平方米计量，按设计图示门框或扇以面积计算	1. 门安装 2. 五金配件安装

表 3-38　其他门

项目编码	项目名称	项目特征	计量单位	工程量计算规则	工作内容
010805001	电子感应门	1. 门代号及洞口尺寸 2. 门框或扇外围尺寸 3. 门框、扇材质 4. 玻璃品种、厚度 5. 启动装置的品种、规格 6. 电子配件品种、规格	1. 樘 2. m^2	1. 以樘计量，按设计图示数量计算 2. 以平方米计量，按设计图示洞口尺寸以面积计算	1. 门安装 2. 启动装置、五金、电子配件安装
010805002	旋转门				
010805003	电子对讲门	1. 门代号及洞口尺寸 2. 门框或扇外围尺寸 3. 门材质 4. 玻璃品种、厚度 5. 启动装置的品种、规格 6. 电子配件品种、规格			1. 门安装 2. 启动装置、五金、电子配件安装
010805004	电动伸缩门				
010805005	全玻自由门	1. 门代号及洞口尺寸 2. 门框或扇外围尺寸 3. 框材质 4. 玻璃品种、厚度			1. 门安装 2. 五金安装
010805006	镜面不锈钢饰面门	1. 门代号及洞口尺寸 2. 门框或扇外围尺寸 3. 框、扇材质 4. 玻璃品种、厚度			

表 3-39 木窗

项目编码	项目名称	项目特征	计量单位	工程量计算规则	工作内容
010806001	木质窗	1. 窗代号及洞口尺寸 2. 玻璃品种、厚度	1. 樘 2. m²	1. 以樘计量，按设计图示数量计算 2. 以平方米计量，按设计图示洞口尺寸以面积计算	1. 窗安装 2. 五金、玻璃安装
010806002	木飘(凸)窗	1. 窗代号及洞口尺寸 2. 玻璃品种、厚度	1. 樘 2. m²	1. 以樘计量，按设计图示数量计算 2. 以平方米计量，按设计图示洞口尺寸以面积计算	1. 窗安装 2. 五金、玻璃安装
010806003	木橱窗	1. 窗代号 2. 框截面及外围展开面积 3. 玻璃品种、厚度 4. 防护材料种类	1. 樘 2. m²	1. 以樘计量，按设计图示数量计算 2. 以平方米计量，按设计图示尺寸以框外围展开面积计算	1. 窗制作、运输、安装 2. 五金、玻璃安装 3. 刷防护材料
010806004	木纱窗	1. 窗代号及框的外围尺寸 2. 窗纱材料品种、规格	1. 樘 2. m²	1. 以樘计量，按设计图示数量计算 2. 以平方米计量，按框的外围尺寸以面积计算	1. 窗安装 2. 五金安装

表 3-40 金属窗

项目编码	项目名称	项目特征	计量单位	工程量计算规则	工作内容
010807001	金属(塑钢、断桥)窗	1. 窗代号及洞口尺寸 2. 框、扇材质 3. 玻璃品种、厚度	1. 樘 2. m²	1. 以樘计量，按设计图示数量计算 2. 以平方米计量，按设计图示洞口尺寸以面积计算	1. 窗安装 2. 五金、玻璃安装
010807002	金属防火窗	1. 窗代号及洞口尺寸 2. 框、扇材质 3. 玻璃品种、厚度	1. 樘 2. m²	1. 以樘计量，按设计图示数量计算 2. 以平方米计量，按设计图示洞口尺寸以面积计算	1. 窗安装 2. 五金、玻璃安装
010807003	金属百叶窗	1. 窗代号及洞口尺寸 2. 框、扇材质 3. 玻璃品种、厚度	1. 樘 2. m²	1. 以樘计量，按设计图示数量计算 2. 以平方米计量，按设计图示洞口尺寸以面积计算	1. 窗安装 2. 五金安装
010807006	金属(塑钢、断桥)橱窗	1. 窗代号 2. 框外围展示面积 3. 框、扇材质 4. 玻璃品种、厚度 5. 防护材料种类	1. 樘 2. m²	1. 以樘计量，按设计图示数量计算 2. 以平方米计量，按设计图示尺寸以框外围展开面积计算	1. 窗制作、运输、安装 2. 五金、玻璃安装 3. 刷防护材料
010807008	彩板窗	1. 窗代号及洞口尺寸 2. 框外围尺寸 3. 框、扇材质 4. 玻璃品种、厚度	1. 樘 2. m²	1. 以樘计量，按设计图示数量计算 2. 以平方米计量，按设计图示洞口尺寸或框外围以面积计算	1. 窗安装 2. 五金、玻璃安装

表 3-41　门窗套

项目编码	项目名称	项目特征	计量单位	工程量计算规则	工作内容
010808001	木门窗套	1. 窗代号及洞口尺寸 2. 门窗套展开宽度 3. 基层材料种类 4. 面层材料品种、规格 5. 线条品种、规格 6. 防护材料种类	1. 樘 2. m^2 3. m	1. 以樘计量，按设计图示数量计算 2. 以平方米计量，按设计图示尺寸以展开面积计算 3. 以米计量，按设计图示中心以延长米计算	1. 清理基层 2. 立筋制作、安装 3. 基层板安装 4. 面层铺贴 5. 线条安装 6. 刷防护材料
010808004	金属门窗套	1. 窗代号及洞口尺寸 2. 门窗套展开宽度 3. 基层材料种类 4. 面层材料品种、规格 5. 防护材料种类			1. 清理基层 2. 立筋制作、安装 3. 基层板安装 4. 面层铺贴 5. 刷防护材料
010808005	石材门窗套	1. 窗代号及洞口尺寸 2. 门窗套展开宽度 3. 粘结层厚度、砂浆配合比 4. 面层材料品种、规格 5. 线条品种、规格			1. 清理基层 2. 立筋制作、安装 3. 基层抹灰 4. 面层铺贴 5. 线条安装
010808007	成品木门窗套	1. 窗代号及洞口尺寸 2. 门窗套展开宽度 3. 门窗套材料品种、规格			1. 清理基层 2. 立筋制作、安装 3. 板安装

表 3-42　窗台板

项目编码	项目名称	项目特征	计量单位	工程量计算规则	工作内容
010809001	木窗台板	1. 基层材料种类 2. 窗台面板材质、规格、颜色 3. 防护材料种类	m^2	按设计图示尺寸以展开面积计算	1. 基层清理 2. 基层制作、安装 3. 窗台板制作、安装 4. 刷防护材料
010809002	铝塑窗台板				
010809003	金属窗台板				

续表

项目编码	项目名称	项目特征	计量单位	工程量计算规则	工作内容
010809004	石材窗台板	1. 粘结层厚度、砂浆配合比 2. 窗台板材质、规格、颜色	m^2	按设计图示尺寸以展开面积计算	1. 基层清理 2. 抹找平层 3. 窗台板制作、安装

3.10 屋面及防水工程

3.10.1 瓦、型材及其他屋面

1. 概念

型材屋面通常是指钢结构屋面系统。其结构形式有很多种，材料也不一样。一般情况下是指钢丝网上铺保温层，保温层上做屋面瓦的形式。具体应参照施工图纸设计。膜结构也即张拉膜结构是依靠膜材自身的张拉力和特殊的几何形状而构成的稳定的承力体系。膜只能承受拉力而不能受压和弯曲，其曲面稳定性是依靠互反向的曲率来保障，因此，须制作成凹凸的空间曲面，故习惯上又称空间膜结构。

2. 种类

屋面一般可分为瓦屋面、型材屋面、阳光板屋面、玻璃钢屋面和膜结构屋面五类，见表 3-43。

表 3-43 瓦、型材及其他屋面

项目编码	项目名称	项目特征	计量单位	工程量计算规则	工作内容
010901001	瓦屋面	1. 瓦品种、规格 2. 粘结层砂浆的配合比	m^2	按设计图示尺寸以斜面积计算。 不扣除房上烟囱、风帽底座、风道、小气窗、斜沟等所占面积。小气窗的出檐部分不增加面积	1. 砂浆制作、运输、摊铺、养护 2. 安瓦、作瓦脊
010901002	型材屋面	1. 型材品种、规格 2. 金属檩条材料品种、规格 3. 接缝、嵌缝材料种类			1. 檩条制作、运输、安装 2. 屋面型材安装 3. 接缝、嵌缝
010901003	阳光板屋面	1. 阳光板品种、规格 2. 骨架材料品种、规格 3. 接缝、嵌缝材料种类 4. 油漆品种、刷漆遍数		按设计图示尺寸以斜面积计算。 不扣除屋面面积≤0.3 m^2孔洞所占面积	1. 骨架制作、运输、安装、刷防护材料、油漆 2. 阳光板安装 3. 接缝、嵌缝

续表

项目编码	项目名称	项目特征	计量单位	工程量计算规则	工作内容
010901004	玻璃钢屋面	1. 玻璃钢品种、规格 2. 骨架材料品种、规格 3. 玻璃钢固定方式 4. 接缝、嵌缝材料种类 5. 油漆品种、刷漆遍数	m^2	按设计图示尺寸以斜面积计算。 不扣除屋面面积≤0.3 m^2 孔洞所占面积	1. 骨架制作、运输、安装、刷防护材料、油漆 2. 玻璃钢制作、安装 3. 接缝、嵌缝
010901005	膜结构屋面	1. 膜布品种、规格 2. 支柱（网架）钢材品种、规格 3. 钢丝绳品种、规格 4. 锚固基座做法 5. 油漆品种、刷漆遍数		按设计图示尺寸以需要覆盖的水平投影面积计算	1. 膜布热压胶接 2. 支柱（网架）制作、安装 3. 膜布安装 4. 穿钢丝绳、锚头锚固 5. 锚固基座、挖土、回填 6. 刷防护材料，油漆

【例 3-13】 如图 3-23 所示，在挂瓦条上铺设黏土瓦屋面，已知坡度＝0.5(26°34′)，坡度系数 C＝1.118。计算黏土瓦屋面工程量，试编制瓦屋面的工程量清单。

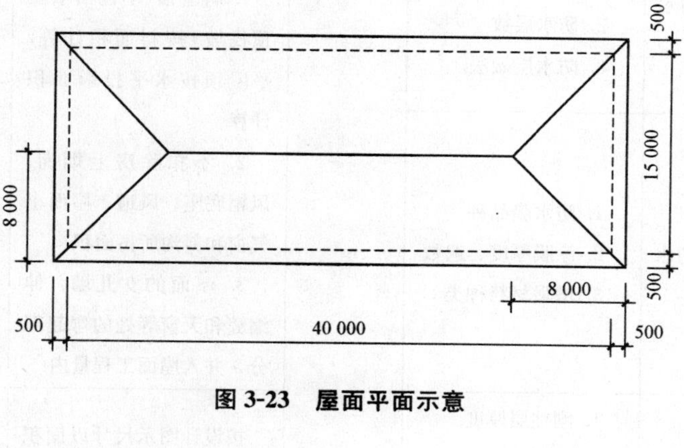

图 3-23 屋面平面示意

【解】 瓦屋面工程量(表 3-44)：

$$S=(40+0.5\times2)\times(15+0.5\times2)\times1.118$$
$$=733.41(m^2)$$

表 3-44　分部分项工程和单价措施项目清单与计价表

序号	项目编码	项目名称	项目特征描述	计量单位	工程量	金额/元		
						综合单价	合价	其中：暂估价
1	010901001001	瓦屋面	1. 瓦品种规格：黏土瓦 2. 粘结层砂浆配合比	m^2	733.41			

3.10.2　屋面防水及其他

1. 概念

防水卷材是指用特制的纸胎或其他纤维纸胎及纺织物，浸透石油沥青、煤沥青及高聚物改性沥青制成的或以合成高分子材料为基料加入助剂及填充料经过多种工艺加工而成的长条形片装成卷供应，并起防水作用的产品。

2. 种类

屋面防水及其他可分为屋面卷材防水，屋面涂膜防水，屋面刚性层，屋面排水管，屋面排(透)气管，屋面(廊、阳台)吐水管，屋面天沟、檐沟，屋面变形缝，见表 3-45。

表 3-45　屋面防水及其他

项目编码	项目名称	项目特征	计量单位	工程量计算规则	工作内容
010902001	屋面卷材防水	1. 卷材品种、规格、厚度 2. 防水层数 3. 防水层做法		按设计图示尺寸以面积计算。 1. 斜屋顶(不包括平屋顶找坡)按斜面积计算，平屋顶按水平投影面积计算 2. 不扣除房上烟囱、风帽底座、风道、屋面小气窗和斜沟所占面积 3. 屋面的女儿墙、伸缩缝和天窗等处的弯起部分，并入屋面工程量内	1. 基层处理 2. 刷底油 3. 铺油毡卷材、接缝
010902002	屋面涂膜防水	1. 防水膜品种 2. 涂膜厚度、遍数 3. 增强材料种类	m^2		1. 基层处理 2. 刷基层处理剂 3. 铺布、喷涂防水层
010902003	屋面刚性层	1. 刚性层厚度 2. 混凝土种类 3. 混凝土强度等级 4. 嵌缝材料种类 5. 钢筋规格、型号		按设计图示尺寸以面积计算。不扣除房上烟囱、风帽底座、风道等所占面积	1. 基层处理 2. 混凝土制作、运输、铺筑、养护 3. 钢筋制安

续表

项目编码	项目名称	项目特征	计量单位	工程量计算规则	工作内容
010902004	屋面排水管	1. 排水管品种、规格 2. 雨水斗、山墙出水口品种、规格 3. 接缝、嵌缝材料种类 4. 油漆品种、刷漆遍数	m	按设计图示尺寸以长度计算。如设计未标注尺寸，以檐口至设计室外散水上表面垂直距离计算	1. 排水管及配件安装、固定 2. 雨水斗、山墙出水口、雨水箅子安装 3. 接缝、嵌缝 4. 刷漆
010902005	屋面排(透)气管	1. 排(透)气管品种、规格 2. 接缝、嵌缝材料种类 3. 油漆品种、刷漆遍数		按设计图示尺寸以长度计算	1. 排(透)气管及配件安装、固定 2. 铁件制作、安装 3. 接缝、嵌缝 4. 刷漆
010902006	屋面(廊、阳台)泄(吐)水管	1. 吐水管品种、规格 2. 接缝、嵌缝材料种类 3. 吐水管长度 4. 油漆品种、刷漆遍数	根(个)	按设计图示数量计算	1. 水管及配件安装、固定 2. 接缝、嵌缝 3. 刷漆
010902007	屋面天沟、檐沟	1. 材料品种、规格 2. 接缝、嵌缝材料种类	m^2	按设计图示尺寸以展开面积计算	1. 天沟材料铺设 2. 天沟配件安装 3. 接缝、嵌缝 4. 刷防护材料
010902008	屋面变形缝	1. 嵌缝材料种类 2. 止水带材料种类 3. 盖缝材料 4. 防护材料种类	m	按设计图示以长度计算	1. 清缝 2. 填塞防水材料 3. 止水带安装 4. 盖缝制作、安装 5. 刷防护材料

【例 3-14】 某工程如图 3-24 所示，屋面防水做法：铺 4 mm 厚的 SBS 改性沥青防水层，防水上返 250 mm 高；1∶20 水泥砂浆找平层；4 mm 厚 SBS 改性沥青防隔汽层；1∶20 水泥砂浆找平层。计算防水工程量，试编制防水工程量清单。

【解】 屋面防水卷材工程量(表 3-46)：

$$S=(9.48-0.24\times2)\times(30.48-0.24\times2)+(9.48-0.24\times2+30.48-0.24\times2)\times2\times0.25$$
$$=270+19.5=289.5(m^2)$$

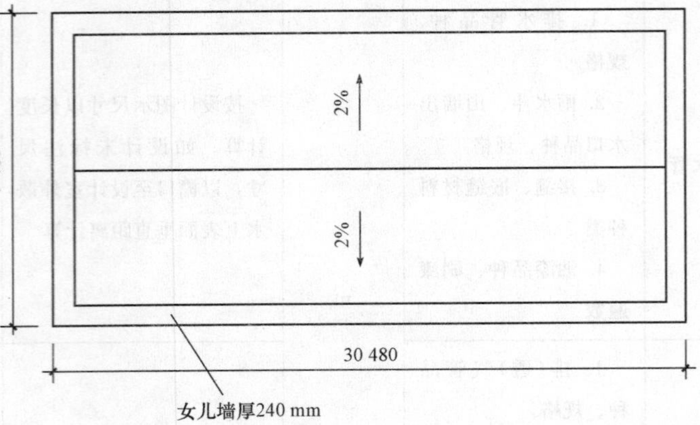

图 3-24 双向找坡屋面示意图

表 3-46 分部分项工程和单价措施项目清单与计价表

序号	项目编码	项目名称	项目特征描述	计量单位	工程量	金额/元		
						综合单价	合价	其中：暂估价
1	010902001001	屋面防水卷材	1. 卷材品种、规格、厚度：4 mm 厚 SBS 改性沥青防水卷材 2. 防水层做法：4 mm 厚 SBS 改性沥青防水；1∶20 水泥砂浆找平层；4 mm 厚 SBS 改性沥青防隔汽层；1∶20 水泥砂浆找平层	m²	289.5			

3.10.3 墙面防水、防潮

墙面防水、防潮可分为墙面卷材防水、墙面涂膜防水、墙面砂浆防水(防潮)、墙面变形缝四类，见表 3-47。

表 3-47 墙面防水、防潮

项目编码	项目名称	项目特征	计量单位	工程量计算规则	工作内容
010903001	墙面卷材防水	1. 卷材品种、规格、厚度 2. 防水层数 3. 防水层做法	m²	按设计图示尺寸以面积计算	1. 基层处理 2. 刷胶粘剂 3. 铺防水卷材 4. 接缝、嵌缝

续表

项目编码	项目名称	项目特征	计量单位	工程量计算规则	工作内容
010903002	墙面涂膜防水	1. 防水膜品种 2. 涂膜厚度、遍数 3. 增强材料种类	m^2	按设计图示尺寸以面积计算	1. 基层处理 2. 刷基层处理剂 3. 铺布、喷涂防水层
010903003	墙面砂浆防水（防潮）	1. 防水层做法 2. 砂浆厚度、配合比 3. 钢丝网规格			1. 基层处理 2. 挂钢丝网片 3. 设置分格缝 4. 砂浆制作、运输、摊铺、养护
010903004	墙面变形缝	1. 嵌缝材料种类 2. 止水带材料种类 3. 盖缝材料 4. 防护材料种类	m	按设计图示以长度计算	1. 清缝 2. 填塞防水材料 3. 止水带安装 4. 盖缝制作、安装 5. 刷防护材料

3.10.4 楼(地)面防水、防潮

楼（地）面防水、防潮可分为楼（地）面卷材防水、楼（地）面涂膜防水、楼（地）面砂浆防水（防潮）、楼（地）面变形缝四类，见表 3-48。

表 3-48 墙面防水、防潮

项目编码	项目名称	项目特征	计量单位	工程量计算规则	工作内容
010904001	楼(地)面卷材防水	1. 卷材品种、规格、厚度 2. 防水层数 3. 防水层做法 4. 反边高度	m^2	按设计图示尺寸以面积计算。 1. 楼(地)面防水：按主墙间净空面积计算，扣除凸出地面的构筑物、设备基础等所占面积，不扣除间壁墙及单个面积≤0.3 m^2 柱、垛、烟囱和孔洞所占面积 2. 楼(地)面防水反边高度≤300 mm 算作地面防水，反边高度＞300 mm 算作墙面防水	1. 基层处理 2. 刷胶粘剂 3. 铺防水卷材 4. 接缝、嵌缝
010904002	楼(地)面涂膜防水	1. 防水膜品种 2. 涂膜厚度、遍数 3. 增强材料种类 4. 反边高度			1. 基层处理 2. 刷基层处理剂 3. 铺布、喷涂防水层
010904003	楼(地)面砂浆防水（防潮）	1. 防水层做法 2. 砂浆厚度、配合比 4. 反边高度			1. 基层处理 2. 砂浆制作、运输、摊铺、养护
010904004	楼(地)面变形缝	1. 嵌缝材料种类 2. 止水带材料种类 3. 盖缝材料 4. 防护材料种类	m	按设计图示以长度计算	1. 清缝 2. 填塞防水材料 3. 止水带安装 4. 盖缝制作、安装 5. 刷防护材料

3.11 保温、隔热、防腐工程

3.11.1 保温、隔热

1. 概念

保温是由聚合物砂浆、玻璃纤维网格布、阻燃型模塑聚苯乙烯泡沫板(EPS)或挤塑板(XPS)等材料复合而成，集保温、防水、饰面等功能于一体。使用的保温材料，根据使用位置可分为：外墙保温材料，内墙保温材料，屋面保温材料；根据保温材料的内在成分可分为：无机保温材料和有机保温材料。

2. 种类

保温工程包括保温、隔热屋面，保温、隔热天棚，保温、隔热墙面，保温柱、梁，保温、隔热楼地面，其他保温、隔热，见表3-49。

表3-49 保温、隔热

项目编码	项目名称	项目特征	计量单位	工程量计算规则	工作内容
011001001	保温隔热屋面	1. 保温隔热材料品种、规格、厚度 2. 隔汽层材料品种、厚度 3. 粘结材料种类、做法 4. 防护材料种类、做法	m^2	按设计图示尺寸以面积计算。扣除面积＞0.3 m^2 孔洞及占位面积	1. 基层清理 2. 刷粘结材料 3. 铺粘保温层 4. 铺、刷（喷）防护材料
011001002	保温隔热天棚	1. 保温隔热面层材料品种、规格、性能 2. 保温隔热材料品种、规格及厚度 3. 粘结材料种类及做法 4. 防护材料种类及做法		按设计图示尺寸以面积计算。扣除面积＞0.3 m^2 上柱、垛、孔洞所占面积，与天棚相连的梁按展开面积计算，并入天棚工程量内	

续表

项目编码	项目名称	项目特征	计量单位	工程量计算规则	工作内容
011001003	保温隔热墙面	1. 保温隔热部位 2. 保温隔热方式 3. 踢脚线、勒脚线保温做法 4. 龙骨材料品种、规格 5. 保温隔热面层材料品种、规格、性能 6. 保温隔热材料品种、规格及厚度 7. 增强网及抗裂防水砂浆种类 8. 粘结材料种类及做法 9. 防护材料种类及做法	m^2	按设计图示尺寸以面积计算。扣除门窗洞口以及面积＞0.3 m^2梁、孔洞以及与墙相连接的柱；门窗洞口侧壁以及与墙相连的柱，并入保温墙体工程量内	1. 基层清理 2. 刷界面剂 3. 安装龙骨 4. 填贴保温材料 5. 保温板安装 6. 粘贴面层 7. 铺设增强格网、抹抗裂、防水砂浆面层 8. 嵌缝 9. 铺、刷（喷）防护材料
011001004	保温柱、梁	1. 保温隔热部位 2. 保温隔热方式 3. 踢脚线、勒脚线保温做法 4. 龙骨材料品种、规格 5. 保温隔热面层材料品种、规格、性能 6. 保温隔热材料品种、规格及厚度 7. 增强网及抗裂防水砂浆种类 8. 粘结材料种类及做法 9. 防护材料种类及做法	m^2	按设计图示尺寸以面积计算 1. 柱按设计图示柱断面保温层中心线展开长度乘保温层高度以面积计算，扣除面积＞0.3 m^2梁所占面积 2. 梁按设计图示梁断面保温层中心线展开长度乘保温层长度以面积计算	1. 基层清理 2. 刷界面剂 3. 安装龙骨 4. 填贴保温材料 5. 保温板安装 6. 粘贴面层 7. 铺设增强格网、抹抗裂、防水砂浆面层 8. 嵌缝 9. 铺、刷（喷）防护材料
011001005	保温隔热楼地面	1. 保温隔热部位 2. 保温隔热材料品种、规格、厚度 3. 隔汽层材料品种、厚度 4. 粘结材料种类、做法 5. 防护材料种类、做法	m^2	按设计图示尺寸以面积计算。扣除面积＞0.3 m^2柱、垛、孔洞等所占面积。门洞、空圈、暖气包槽、壁龛的开口部分不增加面积	1. 基层清理 2. 刷粘结材料 3. 铺粘保温层 4. 铺、刷（喷）防护材料
011001006	其他保温隔热	1. 保温隔热部位 2. 保温隔热方式 3. 隔汽层材料品种、厚度 4. 保温隔热面层材料品种、规格、性能 5. 保温隔热材料品种、规格及厚度 6. 粘结材料种类及做法 7. 增强网及抗裂防水砂浆种类 8. 防护材料种类及做法	m^2	按设计图示尺寸以展开面积计算。扣除面积＞0.3 m^2孔洞及占位面积	1. 基层清理 2. 刷界面剂 3. 安装龙骨 4. 填贴保温材料 5. 保温板安装 6. 粘贴面层 7. 铺设增强格网、抹抗裂防水砂浆面层 8. 嵌缝 9. 铺、刷（喷）防护材料

3.11.2 防腐面层

1. 概念

防腐是指通过采取各种手段，保护容易锈蚀的金属物品的，来达到延长其使用寿命的目的，通常采用物理防腐、化学防腐、电化学防腐等方法。

2. 种类

防腐面层包括防腐混凝土面层，防腐砂浆面层，防腐胶泥面层，玻璃钢防腐面层，聚氯乙烯板面层，块料防腐面层，池、槽块料防腐面层，隔离层，砌筑沥青浸渍砖，防腐涂料等，见表 3-50。

表 3-50　防腐面层

项目编码	项目名称	项目特征	计量单位	工程量计算规则	工作内容
011002001	防腐混凝土面层	1. 防腐部位 2. 面层厚度 3. 混凝土种类 4. 胶泥种类、配合比	m^2	按设计图示尺寸以面积计算。 1. 平面防腐：扣除凸出地面的构筑物、设备基础等以及面积＞0.3 m^2 孔洞、柱、垛等所占面积，门洞、空圈、暖气包槽、壁龛的开口部分不增加面积 2. 立面防腐：扣除门、窗、洞口以及面积＞0.3 m^2 孔洞、梁所占面积，门、窗、洞口侧壁、垛凸出部分按展开面积并入墙面积内	1. 基层清理 2. 基层刷稀胶泥 3. 混凝土制作、运输、摊铺、养护
011002002	防腐砂浆面层	1. 防腐部位 2. 面层厚度 3. 砂浆、胶泥种类、配合比			1. 基层清理 2. 基层刷稀胶泥 3. 砂浆制作、运输、摊铺、养护
011002004	玻璃钢防腐面层	1. 防腐部位 2. 玻璃钢种类 3. 贴布材料的种类、层数 4. 面层材料品种			1. 基层清理 2. 刷底漆、刮腻子 3. 胶浆配制、涂刷 4. 粘布、涂刷面层
011002006	块料防腐面层	1. 防腐部位 2. 块料品种、规格 3. 粘结材料种类 4. 勾缝材料种类			1. 基层清理 2. 铺贴块料 3. 胶泥调制、勾缝
011003001	隔离层	1. 隔离层部位 2. 隔离层材料品种 3. 隔离层做法 4. 粘贴材料种类			1. 基层清理、刷油 2. 煮沥青 3. 胶泥调制 4. 隔离层铺设

续表

项目编码	项目名称	项目特征	计量单位	工程量计算规则	工作内容
011003002	砌筑沥青浸渍砖	1. 砌筑部位 2. 浸渍砖规格 3. 胶泥种类 4. 浸渍砖砌法	m^3	按设计图示尺寸以体积计算	1. 基层清理 2. 胶泥调制 3. 浸渍砖铺砌
011003003	防腐涂料	1. 涂刷部位 2. 基层材料类型 3. 刮腻子的种类、遍数 4. 涂料品种、刷涂遍数	m^2	按设计图示尺寸以面积计算。 1. 平面防腐：扣除凸出地面的构筑物、设备基础等以及面积＞0.3 m^2 孔洞、柱、垛等所占面积，门洞、空圈、暖气包槽、壁龛的开口部分不增加面积 2. 立面防腐：扣除门、窗、洞口以及面积＞0.3 m^2 孔洞、梁所占面积，门、窗、洞口侧壁、垛凸出部分按展开面积并入墙面积内	1. 基层清理 2. 刮腻子 3. 刷涂料

3.12 楼地面装饰工程

3.12.1 整体面层及找平层

1. 概念

(1)整体面层是指一次性连续铺筑而成的面层，如水泥砂浆面层、细石混凝土面层、水磨石面层、细石混凝土地面等。

(2)找平层是指原结构面因存在高低不平或坡度而进行找平铺设的基层，如水泥砂浆、细石混凝土等，有利于在其上面铺设面层或防水、保温层，这就是找平层。找平层不起主要承载作用，主要就是使表面平整、光洁，也为以后的整体或块料面层施工打基础。

2. 种类

楼地面抹灰工程可分为水泥砂浆楼地面、现浇水磨石楼地面、细石混凝土楼地面、菱苦土楼地面、自流坪楼地面、平面砂浆找平层详见表 3-51。

表 3-51　整体面层及找平层

项目编码	项目名称	项目特征	计量单位	工程量计算规则	工作内容
011101001	水泥砂浆楼地面	1. 找平层厚度、砂浆配合比 2. 素水泥浆遍数 3. 面层厚度、砂浆配合比 4. 面层做法要求	m^2	按设计图示尺寸以面积计算。扣除凸出地面构筑物、设备基础、室内管道、地沟等所占面积，不扣除间壁墙及≤0.3 m^2柱、垛、附墙烟囱及孔洞所占面积。门洞、空圈、暖气包槽、壁龛的开口部分不增加面积	1. 基层清理 2. 抹找平层 3. 抹面层 4. 材料运输
011101002	现浇水磨石楼地面	1. 找平层厚度、砂浆配合比 2. 面层厚度、水泥石子浆配合比 3. 嵌条材料种类、规格 4. 石子种类、规格、颜色 5. 颜料种类、颜色 6. 图案要求 7. 磨光、酸洗、打蜡要求			1. 基层清理 2. 抹找平层 3. 面层铺设 4. 嵌缝条安装 5. 磨光、酸洗打蜡 6. 材料运输
011101003	细石混凝土楼地面	1. 找平层厚度、砂浆配合比 2. 面层厚度、混凝土强度等级			1. 基层清理 2. 抹找平层 3. 面层铺设 4. 材料运输
011101004	菱苦土楼地面	1. 找平层厚度、砂浆配合比 2. 面层厚度 3. 打蜡要求			1. 基层清理 2. 抹找平层 3. 面层铺设 4. 打蜡 5. 材料运输
011101005	自流平楼地面	1. 找平层砂浆配合比、厚度 2. 界面剂材料种类 3. 中层漆材料种类、厚度 4. 面漆材料种类、厚度 5. 面层材料种类			1. 基层处理 2. 抹找平层 3. 涂界面剂 4. 涂刷中层漆 5. 打磨、吸尘 6. 镘自流平面漆(浆) 7. 拌合自流平浆料 8. 铺面层
011101006	平面砂浆找平层	找平层厚度、砂浆配合比		按设计图示尺寸以面积计算	1. 基层清理 2. 抹找平层 3. 材料运输

【例 3-15】 图 3-25 所示为某建筑物平面示意图，地面工程做法为

(1)20 mm 厚 1∶2 水泥砂浆抹面压实抹光(面层)；

(2)刷素水泥砂浆结合层一道(结合层)；

(3)60 mm 厚 C20 细石混凝土找平层，最薄处 30 mm 厚；

(4)聚氨酯涂膜防水层厚 1.5～1.8 mm，防水层周边卷起 150 mm；

(5)40 mm 厚 C20 细石混凝土随打随抹平；

(6)150 mm 厚 3∶7 灰土垫层；

(7)素土夯实。

试编制水泥砂浆地面工程量清单。

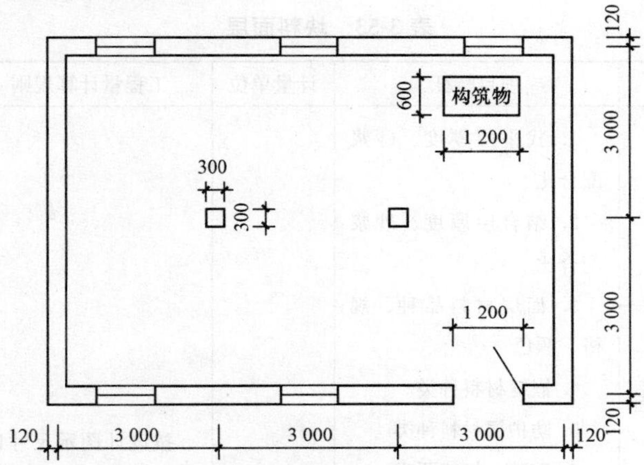

图 3-25 建筑物平面示意图

【解】 (1)计算水泥砂浆地面工程量。

$$S=(3\times3-0.12\times2)\times(3\times2-0.12\times2)-1.2\times0.6=49.73(\mathrm{m}^2)$$

(2)编制工程量清单。水泥砂浆地面工程分部分项工程量清单与计价表见表 3-52。

表 3-52 分部分项工程和单价措施项目清单与计价表

序号	项目编码	项目名称	项目特征描述	计量单位	工程量	金额/元		
						综合单价	合价	其中：暂估价
1	011101001001	水泥砂浆楼地面	20 mm 厚 1∶2 水泥砂浆抹面压实抹光(面层)； 刷素水泥砂浆结合层一道(结合层)； 60 mm 厚 C20 细石混凝土找平层，最薄处 30 mm 厚； 聚氨酯涂膜防水层厚 1.5～1.8 mm，防水层周边卷起 150 mm； 40 mm 厚 C20 细石混凝土随打随抹平； 150 mm 厚 3∶7 灰土垫层	m²	49.73			

3.12.2　块料面层

1. 概念

块料楼地面指由各种不同形状的板块材料(如陶瓷锦砖、缸砖、大理石、花岗岩等)铺砌而成的装饰地面，它属于刚性地面，适宜铺在整体性、刚性好的细石混凝土或混凝土预制板基层上。

2. 种类

常见的块料楼地面有石材楼地面、碎石材楼地面、块料楼地面等，详见表3-53。

表3-53　块料面层

项目编码	项目名称	项目特征	计量单位	工程量计算规则	工作内容
011102001	石材楼地面	1. 找平层厚度、砂浆配合比 2. 结合层厚度、砂浆配合比 3. 面层材料品种、规格、颜色 4. 嵌缝材料种类 5. 防护层材料种类 6. 酸洗、打蜡要求	m^2	按设计图示尺寸以面积计算。门洞、空圈、暖气包槽、壁龛的开口部分并入相应的工程量内	1. 基层清理 2. 抹找平层 3. 面层铺设、磨边 4. 嵌缝 5. 刷防护材料 6. 酸洗、打蜡 7. 材料运输
011102002	碎石材楼地面				
011102003	块料楼地面	1. 找平层厚度、砂浆配合比 2. 结合层厚度、砂浆配合比 3. 面层材料品种、规格、颜色 4. 嵌缝材料种类 5. 防护层材料种类 6. 酸洗、打蜡要求			

【例3-16】 图3-25所示为某建筑平面图，其楼面工程做法为

(1)20 mm厚磨光大理石楼面，白水泥擦缝；

(2)撒素水泥面；

(3)30 mm厚1∶4干硬性水泥砂浆结合层；

(4)20 mm厚1∶3水泥砂浆找平层；

(5)现浇钢筋混凝土楼板。

试编制大理石楼面工程量清单。

【解】(1)计算石材楼地面工程量。

$$S=(3\times3-0.12\times2)\times(3\times2-0.12\times2)-1.2\times0.6=49.73(m^2)$$

(2)编制工程量清单。石材楼地面工程分部分项工程量清单，见表3-54。

表3-54　分部分项工程和单价措施项目清单与计价表

序号	项目编码	项目名称	项目特征描述	计量单位	工程量	金额/元		
						综合单价	合价	其中：暂估价
1	011102001001	石材楼地面	20 mm厚磨光大理石楼面，白水泥擦缝；撒素水泥面；30 mm厚1∶4干硬性水泥砂浆结合层；20 mm厚1∶3水泥砂浆找平层	m^2	49.73			

3.12.3　橡塑面层

1. 概念

橡塑是橡胶和塑料产业的统称，它们都是石油的附属产品，它们在来源上都是一样的，不过，在制成产品的过程里，物性却不一样，用途更是不同。橡胶被广泛地用于制作轮胎，而塑料也随着技术和市场的需求有了越来越广泛的用途。

2. 种类

橡塑面层包括橡胶板楼地面、橡胶板卷材楼地面、塑料板楼地面、塑料卷材楼地面，详见表3-55。

表3-55　橡塑面层

项目编码	项目名称	项目特征	计量单位	工程量计算规则	工作内容
011103001	橡胶板楼地面	1. 粘结层厚度、材料种类 2. 面层材料品种、规格、颜色 3. 压线条种类	m^2	按设计图示尺寸以面积计算。门洞、空圈、暖气包槽、壁龛的开口部分并入相应的工程量内	1. 基层清理 2. 面层铺贴 3. 压缝条装钉 4. 材料运输
011103002	橡胶板卷材楼地面				
011103003	塑料板楼地面				
011103004	塑料卷材楼地面				

3.12.4　其他材料面层

1. 概念

(1)楼地面点缀。楼地面点缀是一种简单的楼地面块料拼铺方式，即在块料四角相交处各切去一个角另镶一小块深颜色块料，起到点缀作用。

(2)粘贴的楼地面块料面层。粘贴的楼地面块料面层是指楼地面块料面层采用干粉型胶粘剂或万能胶粘贴的形式。

(3)零星项目。零星项目是指小面积少量分散的楼地面装饰、台阶的牵边、小便池、蹲台、池槽，以及面积在 1 m^2 以内且定额未列的项目。

(4)防护材料。防护材料是指耐酸、耐碱、耐老化、防火、防油渗等材料。

2. 种类

其他材料面层包括地毯楼地面、竹木地板、金属复合地板、防静电活动地板，详见表 3-56。

表 3-56 其他材料面层

项目编码	项目名称	项目特征	计量单位	工程量计算规则	工作内容
011104001	地毯楼地面	1. 面层材料品种、规格、颜色 2. 防护材料种类 3. 粘结材料种类 4. 压线条种类	m^2	按设计图示尺寸以面积计算。门洞、空圈、暖气包槽、壁龛的开口部分并入相应的工程量内	1. 基层清理 2. 铺贴面层 3. 刷防护材料 4. 装钉压条 5. 材料运输
011104002	竹、木(复合)地板	1. 龙骨材料种类、规格、铺设间距 2. 基层材料种类、规格 3. 面层材料品种、规格、颜色 4. 防护材料种类			1. 基层清理 2. 龙骨铺设 3. 基层铺设 4. 面层铺贴 5. 刷防护材料 6. 材料运输
011104003	金属复合地板				
011104004	防静电活动地板	1. 支架高度、材料种类 2. 面层材料品种、规格、颜色 3. 防护材料种类			1. 基层清理 2. 固定支架安装 3. 活动面层安装 4. 刷防护材料 5. 材料运输

3.12.5 踢脚线

1. 概念

踢脚线是装修时用的专用词语。其在居室设计中，阴角线、腰线、踢脚线起着视觉的平衡作用，利用它们的线形感觉及材质、色彩等在室内相互呼应，可以起到较好的美化装饰效果。踢脚线的另一个作用是它的保护功能。踢脚线，顾名思义就是脚踢得着的墙面区域，所以较易受到冲击。做踢脚线可以更好地使墙体和地面之间结合牢固，减少墙体变形，避免外力碰撞造成破坏。另外，踢脚线也比较容易擦洗，如果拖地溅上脏水，擦洗非常方便。踢脚线除了它本身的保护墙面的功能之外，在家居美观的比重上也占有相当比例。它是地面的轮廓线，视线经常会很自然地落在上面，一般装修中踢脚线出墙厚度为 5～12 mm 或者 8～15 mm。

2. 种类

踢脚线可分为水泥砂浆踢脚线、石材踢脚线、块料踢脚线、塑料板踢脚线、木质踢脚线、金属踢脚线、防静电踢脚线，详见表 3-57。

表 3-57　踢脚线

<table>
<tr><th>项目编码</th><th>项目名称</th><th>项目特征</th><th>计量单位</th><th>工程量计算规则</th><th>工作内容</th></tr>
<tr><td>011105001</td><td>水泥砂浆踢脚线</td><td>1. 踢脚线高度
2. 底层厚度、砂浆配合比
3. 面层厚度、砂浆配合比</td><td rowspan="7">1. m^2
2. m</td><td rowspan="7">1. 以平方米计量，按设计图示长度乘高度以面积计算
2. 以米计量，按延长米计算</td><td>1. 基层清理
2. 底层和面层抹灰
3. 材料运输</td></tr>
<tr><td>011105002</td><td>石材踢脚线</td><td rowspan="2">1. 踢脚线高度
2. 粘贴层厚度、材料种类
3. 面层材料品种、规格、颜色
4. 防护材料种类</td><td rowspan="2">1. 基层清理
2. 底层抹灰
3. 面层铺贴、磨边
4. 擦缝
5. 磨光、酸洗、打蜡
6. 刷防护材料
7. 材料运输</td></tr>
<tr><td>011105003</td><td>块料踢脚线</td></tr>
<tr><td>011105004</td><td>塑料板踢脚线</td><td>1. 踢脚线高度
2. 粘结层厚度、材料种类
3. 面层材料种类、规格、颜色</td><td rowspan="4">1. 基层清理
2. 基层铺贴
3. 面层铺贴
4. 材料运输</td></tr>
<tr><td>011105005</td><td>木质踢脚线</td><td rowspan="3">1. 踢脚线高度
2. 基层材料种类、规格
3. 面层材料品种、规格、颜色</td></tr>
<tr><td>011105006</td><td>金属踢脚线</td></tr>
<tr><td>011105007</td><td>防静电踢脚线</td></tr>
</table>

【例 3-17】 图 3-25 所示为某建筑平面图，室内为水泥砂浆地面，踢脚线做法为 1∶2 水泥砂浆踢脚线，厚度为 20 mm，高度为 150 mm。试编制水泥砂浆踢脚线工程量清单。

【解】 (1)计算工程量。

$L=(3\times3-0.12\times2)\times2+(3\times2-0.12\times2)\times2-1.2(\text{门宽})+(0.24-0.08(\text{门框宽}))\times1/2\times2(\text{门侧边})+0.3\times4\times2(\text{柱侧边})=30.4(\text{m})$

$$S=30.4\times0.15=4.56(\text{m}^2)$$

(2)编制工程量清单。分部分项工程量清单，见表 3-58。

表 3-58　分部分项工程和单价措施项目清单与计价表

序号	项目编码	项目名称	项目特征描述	计量单位	工程量	金额/元		
						综合单价	合价	其中：暂估价
1	011105001001	水泥砂浆踢脚线	20 mm 厚 1∶2 水泥砂浆；踢脚线高 150 mm	m^2	4.56			

3.12.6　楼梯面层

楼梯面层包括石材楼梯面层、块料楼梯面层、拼碎块料面层、水泥砂浆楼梯面积、现浇水磨石楼梯面层、地毯楼梯面层、木板楼梯面层、橡胶板楼梯面层、塑料板楼梯面层，详见表 3-59。

表 3-59　楼梯面层

项目编码	项目名称	项目特征	计量单位	工程量计算规则	工作内容
011106001	石材楼梯面层	1. 找平层厚度、砂浆配合比 2. 粘结层厚度、材料种类 3. 面层材料品种、规格、颜色 4. 防滑条材料种类、规格 5. 勾缝材料种类 6. 防护层材料种类 7. 酸洗、打蜡要求	m^2	按设计图示尺寸以楼梯(包括踏步、休息平台及≤500 mm 的楼梯井)水平投影面积计算。楼梯与楼地面相连时，算至梯口梁内侧边沿；无梯口梁者，算至最上一层踏步边沿加 300 mm	1. 基层清理 2. 抹找平层 3. 面层铺贴、磨边 4. 贴嵌防滑条 5. 勾缝 6. 刷防护材料 7. 酸洗、打蜡 8. 材料运输
011106002	块料楼梯面层				
011106003	拼碎块料面层				
011106004	水泥砂浆楼梯面层	1. 找平层厚度、砂浆配合比 2. 面层厚度、砂浆配合比 3. 防滑条材料种类、规格			1. 基层清理 2. 抹找平层 3. 抹面层 4. 抹防滑条 5. 材料运输

续表

项目编码	项目名称	项目特征	计量单位	工程量计算规则	工作内容
011106005	现浇水磨石楼梯面层	1. 找平层厚度、砂浆配合比 2. 面层厚度、水泥石子浆配合比 3. 防滑条材料种类、规格 4. 石子种类、规格、颜色 5. 颜料种类、颜色 6. 磨光、酸洗打蜡要求			1. 基层清理 2. 抹找平层 3. 抹面层 4. 贴嵌防滑条 5. 磨光、酸洗、打蜡 6. 材料运输
011106006	地毯楼梯面层	1. 基层种类 2. 面层材料品种、规格、颜色 3. 防护材料种类 4. 粘结材料种类 5. 固定配件材料种类、规格	m^2	按设计图示尺寸以楼梯（包括踏步、休息平台及≤500 mm 的楼梯井）水平投影面积计算。楼梯与楼地面相连时，算至梯口梁内侧边沿；无梯口梁者，算至最上一层踏步边沿加 300 mm	1. 基层清理 2. 铺贴面层 3. 固定配件安装 4. 刷防护材料 5. 材料运输
011106007	木板楼梯面层	1. 基层材料种类、规格 2. 面层材料品种、规格、颜色 3. 粘结材料种类 4. 防护材料种类			1. 基层清理 2. 基层铺贴 3. 面层铺贴 4. 刷防护材料 5. 材料运输
011106008	橡胶板楼梯面层	1. 粘结层厚度、材料种类 2. 面层材料品种、规格、颜色 3. 压线条种类			1. 基层清理 2. 面层铺贴 3. 压缝条装钉 4. 材料运输
011106009	塑料板楼梯面层				

【例 3-18】 如图 3-26 所示为楼梯贴花岗岩面层，其工程做法为：20 mm 厚芝麻白磨光花岗岩（600 mm×600 mm）铺面；撒素水泥面（洒适量水）；30 mm 厚 1∶4 干硬性水泥砂浆结合层；刷素水泥浆一道。试编制该项目工程量清单。

【解】 (1)计算工程量。

楼梯井宽度为 250 mm，小于 500 mm，所以，楼梯贴花岗岩面层的工程量为

$$S=(1.4\times2+0.25)\times(0.2+9\times0.28+1.37)=12.47(m^2)$$

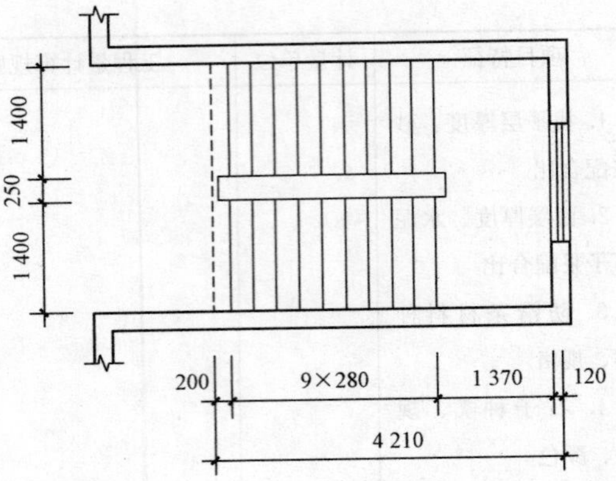

图 3-26　楼梯平面示意图

(2)编制分部分项工程量清单，见表 3-60。

表 3-60　分部分项工程和单价措施项目清单与计价表

序号	项目编码	项目名称	项目特征描述	计量单位	工程量	金额/元		
						综合单价	合价	其中：暂估价
1	011106001001	石材楼梯面层	20 mm 厚芝麻白磨光花岗岩(600 mm×600 mm)铺面；撒素水泥面(洒适量水)；30 mm 厚 1∶4 干硬性水泥砂浆结合层	m^2	12.47			

3.12.7　台阶装饰

1. 概念

(1)压线条。压线条是指地毯、橡胶板、橡胶卷材铺设的压线条，如铝合金、不锈钢等线条。

(2)嵌条材料。嵌条材料是指用于水磨石的分隔、图案等的嵌条，如玻璃嵌条、铝合金嵌条等。

2. 种类

台阶装饰可分为石材台阶面、块料台阶面、拼碎块料台阶面、水泥砂浆台阶面、现浇水磨石台阶面、剁假石台阶面等，详见表 3-61。

表 3-61　台阶装饰

项目编码	项目名称	项目特征	计量单位	工程量计算规则	工作内容
011107001	石材台阶面	1. 找平层厚度、砂浆配合比 2. 粘结材料种类 3. 面层材料品种、规格、颜色 4. 勾缝材料种类 5. 防滑条材料种类、规格 6. 防护材料种类	m^2	按设计图示尺寸以台阶(包括最上层踏步边沿加 300 mm)水平投影面积计算	1. 基层清理 2. 抹找平层 3. 面层铺贴 4. 贴嵌防滑条 5. 勾缝 6. 刷防护材料 7. 材料运输
011107002	块料台阶面				
011107003	拼碎块料台阶面				
011107004	水泥砂浆台阶面	1. 找平层厚度、砂浆配合比 2. 面层厚度、砂浆配合比 3. 防滑条材料种类			1. 基层清理 2. 抹找平层 3. 抹面层 4. 抹防滑条 5. 材料运输
011107005	现浇水磨石台阶面	1. 找平层厚度、砂浆配合比 2. 面层厚度、水泥石子浆配合比 3. 防滑条材料种类、规格 4. 石子种类、规格、颜色 5. 颜料种类、颜色 6. 磨光、酸洗、打蜡要求			1. 清理基层 2. 抹找平层 3. 抹面层 4. 贴嵌防滑条 5. 打磨、酸洗、打蜡 6. 材料运输
011107006	剁假石台阶面	1. 找平层厚度、砂浆配合比 2. 面层厚度、砂浆配合比 3. 剁假石要求			1. 清理基层 2. 抹找平层 3. 抹面层 4. 剁假石 5. 材料运输

【例 3-19】 如图 3-27 所示为台阶贴花岗岩面层，其工程做法为：30 mm 厚芝麻白机刨花岗岩(600 mm×600 mm)铺面，稀水泥浆擦缝；撒素水泥面(洒适量水)；30 mm 厚 1∶4 干硬性水泥砂浆结合层，向外坡 1%；刷素水泥浆结合层一道；60 mm 厚 C15 混凝土；150 mm 厚 3∶7 灰土垫层；素土夯实。试编制花岗岩台阶工程量清单。

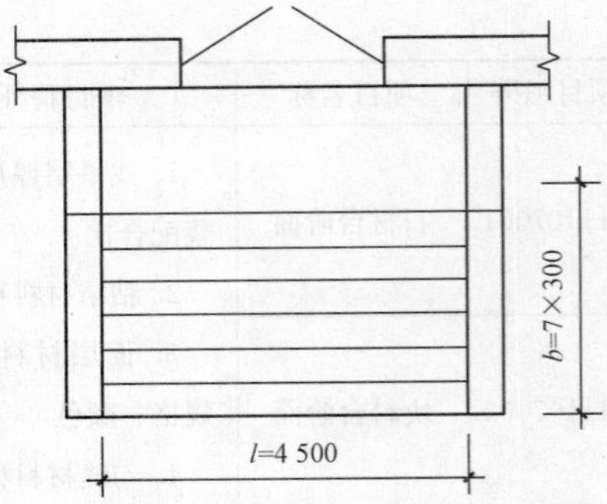

图 3-27 台阶平面示意

【解】 (1)计算石材台阶面工程量。

$$S=4.5\times(0.3\times6+0.3)=9.45(\mathrm{m}^2)$$

(2)编制分部分项工程量清单，见表 3-62。

表 3-62 分部分项工程和单价措施项目清单与计价表

序号	项目编码	项目名称	项目特征描述	计量单位	工程量	金额/元		
						综合单价	合价	其中：暂估价
1	011107001001	石材台阶面	30 mm 厚芝麻白机刨花岗岩(600 mm×600 mm)铺面，稀水泥浆擦缝；撒素水泥面(洒适量水)； 30 mm 厚 1∶4 干硬性水泥砂浆结合层，向外坡 1%； 刷素水泥浆结合层一道； 60 mm 厚 C15 混凝土；150 mm 厚 3∶7 灰土垫层	m^2	9.45			

3.13 墙、柱面装饰与隔断、幕墙工程

3.13.1 墙面抹灰

1. 概念

抹灰又称粉刷，它的主要作用是保护墙面和装饰美观，还可提高房屋的使用效能。

(1)内墙抹灰可改善室内清洁卫生条件和增加光亮，并起装饰美观作用。

(2)浴室、厕所、厨房的抹灰主要作用是保护墙身不受水和潮气的影响。对于一些有特殊要求的房屋，抹灰还能改善它的热工、声学、光学等物理性能。

(3)外墙抹灰可提高墙身防潮、防风化、防腐蚀的能力，增强墙身的耐久性，也是装饰美化建筑物的重要措施之一。

2. 种类

墙面抹灰包括墙面一般抹灰、墙面装饰抹灰、墙面勾缝、立面砂浆找平层，详见图 3-28、表 3-63。

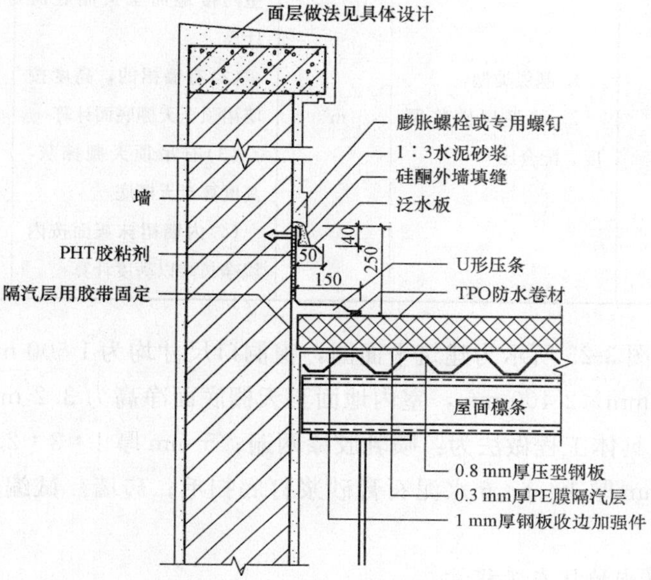

图 3-28　女儿墙构造

表 3-63　墙面抹灰

项目编码	项目名称	项目特征	计量单位	工程量计算规则	工作内容
011201001	墙面一般抹灰	1. 墙体类型 2. 底层厚度、砂浆配合比 3. 面层厚度、砂浆配合比 4. 装饰面材料种类 5. 分格缝宽度、材料种类	m^2	按设计图示尺寸以面积计算。扣除墙裙、门窗洞口及单个＞0.3 m² 的孔洞面积，不扣除踢脚线、挂镜线和墙与构件交接处的面积，门窗洞口和孔洞的侧壁及顶面不增加面积。附墙柱、梁、垛、烟囱侧壁并入相应的墙面面积内。 1. 外墙抹灰面积按外墙垂直投影面积计算 2. 外墙裙抹灰面积按其长度乘以高度计算 3. 内墙抹灰面积按主墙间的净长乘以高度计算	1. 基层清理 2. 砂浆制作、运输 3. 底层抹灰 4. 抹面层 5. 抹装饰面 6. 勾分格缝
011201002	墙面装饰抹灰				
011201003	墙面勾缝	1. 勾缝类型 2. 勾缝材料种类			1. 基层清理 2. 砂浆制作、运输 3. 勾缝

续表

项目编码	项目名称	项目特征	计量单位	工程量计算规则	工作内容
011201004	立面砂浆找平层	1. 基层类型 2. 找平层砂浆厚度、配合比	m^2	(1)无墙裙的，高度按室内楼地面至天棚底面计算 (2)有墙裙的，高度按墙裙顶至天棚底面计算 (3)有吊顶天棚抹灰，高度算至天棚底 (4)内墙裙抹灰面按内墙净长乘以高度计算	1. 基层清理 2. 砂浆制作、运输 3. 勾缝

【例 3-20】 如图 3-25 所示为建筑平面图，窗洞口尺寸均为 1 500 mm×1 800 mm，门洞口尺寸为 1 200 mm×2 400 mm，室内地面至天棚底面净高为 3.2 m，内墙采用水泥砂浆抹灰(无墙裙)，具体工程做法为：喷乳胶漆两遍；5 mm 厚 1∶3∶2.5 水泥石膏砂浆抹面压实抹光；13 mm 厚 1∶1∶6 水泥石膏砂浆打底扫毛；砖墙。试编制内墙面抹灰工程量清单。

【解】 (1)计算内墙抹灰工程量。

$$S=(9-0.24+6-0.24)\times2\times3.2-1.5\times1.8\times5-1.2\times2.4=76.55(m^2)$$

(2)编制墙面一般抹灰工程分部分项工程量清单，见表 3-64。

表 3-64 分部分项工程和单价措施项目清单与计价表

序号	项目编码	项目名称	项目特征描述	计量单位	工程量	金额/元		
						综合单价	合价	其中：暂估价
1	011201001001	墙面一般抹灰	喷乳胶漆两遍； 5 mm 厚 1∶3∶2.5 水泥石膏砂浆抹面压实抹光； 13 mm 厚 1∶1∶6 水泥石膏砂浆打底扫毛	m^2	76.55			

3.13.2 柱(梁)面抹灰

1. 概念

同墙面。

2. 种类

柱(梁)面抹灰包括柱(梁)面一般抹灰、柱(梁)面装饰抹灰、柱(梁)面砂浆找平、柱(梁)面勾缝，详见表 3-65。

表 3-65 柱(梁)面抹灰

项目编码	项目名称	项目特征	计量单位	工程量计算规则	工作内容
011202001	柱、梁面一般抹灰	1. 柱(梁)体类型 2. 底层厚度、砂浆配合比 3. 面层厚度、砂浆配合比 4. 装饰面材料种类 5. 分格缝宽度、材料种类	m^2	1. 柱面抹灰：按设计图示柱断面周长乘以高度以面积计算 2. 梁面抹灰：按设计图示梁断面周长乘长度以面积计算	1. 基层清理 2. 砂浆制作、运输 3. 底层抹灰 4. 抹面层 5. 勾分格缝
011202002	柱、梁面装饰抹灰				
011202003	柱、梁面砂浆找平	1. 柱(梁)体类型 2. 找平的砂浆厚度、配合比			1. 基层清理 2. 砂浆制作、运输 3. 抹灰找平
011202004	柱面勾缝	1. 勾缝类型 2. 勾缝材料种类		按设计图示柱断面周长乘以高度以面积计算	1. 基层清理 2. 砂浆制作、运输 3. 勾缝

【例 3-21】 某工程有现浇混凝土矩形柱 10 根，柱结构断面尺寸为 500 mm×500 mm，柱高为 2.8 m，柱面采用混合砂浆抹灰(无墙裙)，具体工程做法为：喷乳胶漆两遍；5 mm 厚 1∶0.3∶2.5 水泥石膏砂浆抹面压实抹光；13 mm 厚 1∶1∶6 水泥石膏砂浆打底打毛；刷混凝土界面处理剂一道。试编制柱面抹灰工程工程量清单。

【解】 (1)计算柱面抹灰工程量。

$$S=0.5\times4\times2.8\times10=56(m^2)$$

(2)编制柱(梁)面一般抹灰工程分部分项工程量清单，见表 3-66。

表 3-66 分部分项工程和单价措施项目清单与计价表

序号	项目编码	项目名称	项目特征描述	计量单位	工程量	金额/元		
						综合单价	合价	其中：暂估价
1	011202001001	柱、梁面一般抹灰	喷乳胶漆两遍； 5 mm 厚 1∶0.3∶2.5 水泥石膏砂浆抹面压实抹光； 13 mm 厚 1∶1∶6 水泥石膏砂浆打底打毛； 刷混凝土界面处理剂一道	m^2	56			

3.13.3 零星抹灰

1. 概念

墙柱面工程中零星项目是指各种壁柜、碗柜、书柜、过人洞、池槽花台、挑沿、天沟、雨篷的周边，展开宽度超过 300 mm 的腰线、窗台板、门窗套、压顶、扶手，立面高度小于 500 mm 的遮阳板，栏板以及单件面积在 1 m^2 以内的零星项目。楼地面工程中零星项目面层适用于楼梯侧面、小便池、蹲台、池槽以及单件铺贴面积在 1 m^2 以内的项目。

2. 种类

零星抹灰的种类有零星项目一般抹灰、零星项目装饰抹灰、零星项目砂浆找平，详见表 3-67。

表 3-67 零星抹灰

<table>
<tr><th>项目编码</th><th>项目名称</th><th>项目特征</th><th>计量单位</th><th>工程量计算规则</th><th>工作内容</th></tr>
<tr><td>011203001</td><td>零星项目
一般抹灰</td><td>1. 基层类型、部位
2. 底层厚度、砂浆配合比
3. 面层厚度、砂浆配合比
4. 装饰面材料种类
5. 分格缝宽度、材料种类</td><td rowspan="3">m^2</td><td rowspan="3">按设计图示尺寸以面积计算</td><td rowspan="2">1. 基层清理
2. 砂浆制作、运输
3. 底层抹灰
4. 抹面层
5. 抹装饰面
6. 勾分格缝</td></tr>
<tr><td>011203002</td><td>零星项目
装饰抹灰</td><td>1. 基层类型、部位
2. 底层厚度、砂浆配合比
3. 面层厚度、砂浆配合比
4. 装饰面材料种类
5. 分格缝宽度、材料种类</td></tr>
<tr><td>011203003</td><td>零星项目
砂浆找平</td><td>1. 基层类型、部位
2. 找平的砂浆厚度、配合比</td><td>1. 基层清理
2. 砂浆制作、运输
3. 抹灰找平</td></tr>
</table>

3.13.4 墙面块料面层

1. 概念

墙面块料面层包括石材墙面、拼碎石材墙面、块料墙面、干挂石材钢骨架四类，详见表 3-68。

表 3-68　墙面块料面层

项目编码	项目名称	项目特征	计量单位	工程量计算规则	工作内容
011204001	石材墙面	1. 墙体类型 2. 安装方式 3. 面层材料品种、规格、颜色 4. 缝宽、嵌缝材料种类 5. 防护材料种类 6. 磨光、酸洗、打蜡要求	m²	按镶贴表面积计算	1. 基层清理 2. 砂浆制作、运输 3. 粘结层铺贴 4. 面层安装 5. 嵌缝 6. 刷防护材料 7. 磨光、酸洗、打蜡
011204002	拼碎石材墙面				
011204003	块料墙面				
011204004	干挂石材钢骨架	1. 骨架种类、规格 2. 防锈漆品种遍数	t	按设计图示以质量计算	1. 骨架制作、运输、安装 2. 刷漆

3.13.5　柱(梁)面镶贴块料

柱(梁面)面镶贴块料包括石材柱面、块料柱面、拼碎块柱面、石材梁面、块料梁面五类，详见表 3-69。

表 3-69　柱(梁)面镶贴块料

项目编码	项目名称	项目特征	计量单位	工程量计算规则	工作内容
011205001	石材柱面	1. 柱截面类型、尺寸 2. 安装方式 3. 面层材料品种、规格、颜色 4. 缝宽、嵌缝材料种类 5. 防护材料种类 6. 磨光、酸洗、打蜡要求	m²	按镶贴表面积计算	1. 基层清理 2. 砂浆制作、运输 3. 黏结层铺贴 4. 面层安装 5. 嵌缝 6. 刷防护材料 7. 磨光、酸洗、打蜡
011205002	块料柱面				
011205003	拼碎块柱面				
011205004	石材梁面	1. 安装方式 2. 面层材料品种、规格、颜色 3. 缝宽、嵌缝材料种类 4. 防护材料种类 5. 磨光、酸洗、打蜡要求			
011205005	块料梁面				

3.13.6 镶贴零星块料

镶贴零星块料包括石材零星项目、块料零星项目、拼碎块零星项目，见表 3-70。

表 3-70 镶贴零星块料

项目编码	项目名称	项目特征	计量单位	工程量计算规则	工作内容
011206001	石材零星项目	1. 基层类型、部位 2. 安装方式 3. 面层材料品种、规格、颜色 4. 缝宽、嵌缝材料种类 5. 防护材料种类 6. 磨光、酸洗、打蜡要求	m^2	按镶贴表面积计算	1. 基层清理 2. 砂浆制作、运输 3. 面层安装 4. 嵌缝 5. 刷防护材料 6. 磨光、酸洗、打蜡
011206002	块料零星项目				
011206003	拼碎块零星项目				

3.13.7 墙饰面

墙饰面适用于墙面装饰板，详见表 3-71。

表 3-71 墙饰面

项目编码	项目名称	项目特征	计量单位	工程量计算规则	工作内容
011207001	墙面装饰板	1. 龙骨材料种类、规格、中距 2. 隔离层材料种类、规格 3. 基层材料种类、规格 4. 面层材料品种、规格、颜色 5. 压条材料种类、规格	m^2	按设计图示墙净长乘净高以面积计算，扣除门窗洞口及单个＞0.3 m^2 的孔洞所占面积	1. 基层清理 2. 龙骨制作、运输、安装 3. 钉隔离层 4. 基层铺钉 5. 面层铺贴

3.13.8 柱(梁)饰面

柱(梁)面装饰，详见表 3-72。

表 3-72　柱(梁)饰面

项目编码	项目名称	项目特征	计量单位	工程量计算规则	工作内容
011208001	柱(梁)面装饰	1. 龙骨材料种类、规格、中距 2. 隔离层材料种类 3. 基层材料种类、规格 4. 面层材料品种、规格、颜色 5. 压条材料种类、规格	m^2	按设计图示饰面外围尺寸以面积计算，柱帽、柱墩并入相应柱饰面工程量内	1. 清理基层 2. 龙骨制作、运输、安装 3. 钉隔离层 4. 基层铺钉 5. 面层铺贴

【例 3-22】 某工程有独立柱 4 根，柱高为 6 m，柱结构断面为 400 mm×400 mm 饰面，厚度为 51 mm，具体工程做法为：30 mm×40 mm 单向木龙骨，间距为 400 mm；18 mm 厚细木工板基层；3 mm 厚红胡桃面板；醇酸清漆五遍成活。试编制饰面工程工程量清单。

【解】 (1)计算柱饰面工程量。

$$S_{柱}=(0.4+0.051(饰面厚度)\times 2)\times 4\times 6=12.05(m^2)$$

(2)编制工程量清单。柱(梁)面装饰工程分部分项工程量清单见表 3-73。

表 3-73　分部分项工程和单价措施项目清单与计价表

序号	项目编码	项目名称	项目特征描述	计量单位	工程量	金额/元		
						综合单价	合价	其中：暂估价
1	011208001001	柱(梁)面装饰	30 mm×40 mm 单向木龙骨，间距为 400 mm；18 mm 厚细木工板基层；3 mm 厚红胡桃面板；醇酸清漆五遍成活	m^2	12.05			

3.13.9　幕墙工程

1. 概念

幕墙工程是指先在建筑物外面安装立柱和横梁，然后再安装玻璃或金属板的结构外墙面。其包括玻璃幕墙、铝板幕墙等。

2. 种类

幕墙工程包括带骨架幕墙和全玻(无框玻璃)幕墙两类，详见表 3-74。

表 3-74　幕墙工程

<table>
<tr><th>项目编码</th><th>项目名称</th><th>项目特征</th><th>计量单位</th><th>工程量计算规则</th><th>工作内容</th></tr>
<tr><td>011209001</td><td>带骨架幕墙</td><td>1. 骨架材料种类、规格、中距
2. 面层材料品种、规格、颜色
3. 面层固定方式
4. 隔离带、框边封闭材料品种、规格
5. 嵌缝、塞口材料种类</td><td rowspan="2">m²</td><td>按设计图示框外围尺寸以面积计算。与幕墙同种材质的窗所占面积不扣除</td><td>1. 骨架制作、运输、安装
2. 面层安装
3. 隔离带、框边封闭
4. 嵌缝、塞口
5. 清洗</td></tr>
<tr><td>011209002</td><td>全玻(无框玻璃)幕墙</td><td>1. 玻璃品种、规格、颜色
2. 粘结塞口材料种类
3. 固定方式</td><td>按设计图示尺寸以面积计算。带肋全玻幕墙按展开面积计算</td><td>1. 幕墙安装
2. 嵌缝、塞口
3. 清洗</td></tr>
</table>

3.13.10　隔断

1. 概念

隔墙也称为间壁墙，是指不承受荷载只用于分隔室内房间的墙。隔断是指不到顶的隔墙。

2. 种类

隔断包括木隔断、金属隔断、玻璃隔断、塑料隔断、成品隔断、其他隔断，详见表 3-75。

表 3-75　隔断

<table>
<tr><th>项目编码</th><th>项目名称</th><th>项目特征</th><th>计量单位</th><th>工程量计算规则</th><th>工作内容</th></tr>
<tr><td>011210001</td><td>木隔断</td><td>1. 骨架、边框材料种类、规格
2. 隔板材料品种、规格、颜色
3. 嵌缝、塞口材料品种
4. 压条材料种类</td><td rowspan="2">m²</td><td rowspan="2">按设计图示框外围尺寸以面积计算。不扣除单个≤0.3 m² 的孔洞所占面积；浴厕门的材质与隔断相同时，门的面积并入隔断面积内</td><td>1. 骨架及边框制作、运输、安装
2. 隔板制作、运输、安装
3. 嵌缝、塞口
4. 装钉压条</td></tr>
<tr><td>011210002</td><td>金属隔断</td><td>1. 骨架、边框材料种类、规格
2. 隔板材料品种、规格、颜色
3. 嵌缝、塞口材料品种</td><td>1. 骨架及边框制作、运输、安装
2. 隔板制作、运输、安装
3. 嵌缝、塞口</td></tr>
</table>

续表

项目编码	项目名称	项目特征	计量单位	工程量计算规则	工作内容
011210003	玻璃隔断	1. 边框材料种类、规格 2. 玻璃品种、规格、颜色 3. 嵌缝、塞口材料品种	m^2	按设计图示框外围尺寸以面积计算。不扣除单个≤0.3 m^2 的孔洞所占面积	1. 边框制作、运输、安装 2. 玻璃制作、运输、安装 3. 嵌缝、塞口
011210004	塑料隔断	1. 边框材料种类、规格 2. 隔板材料品种、规格、颜色 3. 嵌缝、塞口材料品种			1. 骨架及边框制作、运输、安装 2. 隔板制作、运输、安装 3. 嵌缝、塞口
011210005	成品隔断	1. 隔断材料品种、规格、颜色 2. 配件品种、规格	1. m^2 2. 间	1. 以平方米计量，按设计图示框外围尺寸以面积计算 2. 以间计量，按设计间的数量计算	1. 隔断运输、安装 2. 嵌缝、塞口
011210006	其他隔断	1. 骨架、边框材料种类、规格 2. 隔板材料品种、规格、颜色 3. 嵌缝、塞口材料品种	m^2	按设计图示框外围尺寸以面积计算。不扣除单个≤0.3 m^2 的孔洞所占面积	1. 骨架及边框安装 2. 隔板安装 3. 嵌缝、塞口

3.14 天棚工程

3.14.1 天棚抹灰

1. 工程量计算

天棚抹灰按设计图示尺寸以水平投影面积计算。不扣除间壁墙、垛、柱、附墙烟囱、检查口和管道所占的面积。带梁天棚、梁两侧抹灰面积并入天棚面积内计算。板式楼梯底面抹灰按斜面面积计算，锯齿形楼梯底板抹灰按展开面积计算。

2. 项目特征

描述基层类型、抹灰厚度、材料种类、装饰线条道数、砂浆配合比。

【例 3-23】 某天棚抹灰工程，天棚净长为 8.76 m，净宽为 5.76 m，楼板为钢筋混凝土现浇楼板，板厚为 120 mm，在宽度方向有现浇钢筋混凝土单梁 2 根，梁截面尺寸为 250 mm×600 mm，梁顶与板顶在同一标高，天棚抹灰的工程做法为：喷乳胶漆；6 mm 厚 1∶2.5 水泥砂浆抹面；8 mm 厚 1∶3 水泥砂浆打底；刷素水泥浆一道(内掺 108 胶)；现浇混凝土板。试编制天棚抹灰工程工程量清单。

【解】 (1)计算天棚抹灰工程量。

$S=8.76\times5.76+(0.6-0.12)(\text{梁净高})\times2(\text{梁两侧})\times5.76\times2(\text{根数})=61.52(m^2)$

(2)编制工程量清单。天棚抹灰工程分部分项工程量清单见表 3-76。

表 3-76 分部分项工程和单价措施项目清单与计价表

序号	项目编码	项目名称	项目特征描述	计量单位	工程量	金额/元		
						综合单价	合价	其中：暂估价
1	011301001001	天棚抹灰	喷乳胶漆； 6 mm 厚 1∶2.5 水泥砂浆抹面； 8 mm 厚 1∶3 水泥砂浆打底； 刷素水泥浆一道(内掺 108 胶)	m^2	61.52			

3.14.2 天棚吊顶

天棚吊顶是指房屋居住环境的顶部装修。简单地说，就是指天花板的装修，是室内装饰的重要部分之一。吊顶具有保温、隔热、隔声、吸声的作用，也是电气、通风空调、通信和防火、报警管线设备等工程的隐蔽层。

说明：

(1)吊顶形式是指平面、跌级、锯齿形、阶梯形、吊挂式、藻井式以及矩形、弧形、拱形等形式，应在清单项目中对其进行描述。

平面是指吊顶面层在同一平面上的天棚。

跌级是指形状比较简单，不带灯槽、一个空间只有一个“凸”或“凹”形状的天棚。

基层材料是指底板或面层背后的加强材料。

(2)面层材料的品种是指石膏板(包括装饰石膏板、纸面石膏板、吸声穿孔石膏板、嵌装式装饰石膏板等)、埃特板、装饰吸声罩面板[包括矿棉装饰吸声板、贴塑矿(岩)棉吸声板、膨胀珍珠岩石装饰吸声板、玻璃棉装饰吸声板等]、塑料装饰罩面板(钙塑泡沫装饰吸声板、聚苯乙烯泡沫塑料装饰吸声板、聚氯乙烯塑料天花板等)、纤维水泥加压板(包括穿孔吸声板石棉水泥板、轻质硅酸钙吊顶板等)、金属装饰板(包括铝合金罩面板、金属微孔吸声板、铝合金单体构件等)、木质饰板(胶合板、薄板、板条、水泥木丝板、刨花板等)、玻璃饰面(包括镜面玻璃、激光玻璃等)。

注意：在同一个工程中如果龙骨材料种类、规格、中距有所不同，或者虽然龙骨材料种类、规格、中距相同，但基层或面层材料的品种、规格、品牌不同，都应分别编码列项。详见表 3-77。

表 3-77　天棚吊顶

项目编码	项目名称	项目特征	计量单位	工程量计算规则	工作内容
011302001	吊顶天棚	1. 吊顶形式、吊杆规格、高度 2. 龙骨材料种类、规格、中距 3. 基层材料种类、规格 4. 面层材料品种、规格 5. 压条材料种类、规格 6. 嵌缝材料种类 7. 防护材料种类	m^2	按设计图示尺寸以水平投影面积计算。天棚面中的灯槽及跌级、锯齿形、吊挂式、藻井式天棚面积不展开计算。不扣除间壁墙、检查口、附墙烟囱、柱垛和管道所占面积，扣除单个＞0.3 m^2 的孔洞、独立柱及与天棚相连的窗帘盒所占的面积	1. 基层清理、吊杆安装 2. 龙骨安装 3. 基层板铺贴 4. 面层铺贴 5. 嵌缝 6. 刷防护材料
011302002	格栅吊顶	1. 龙骨材料种类、规格、中距 2. 基层材料种类、规格 3. 面层材料品种、规格 4. 防护材料种类		按设计图示尺寸以水平投影面积计算	1. 基层清理 2. 安装龙骨 3. 基层板铺贴 4. 面层铺贴 5. 刷防护材料
011302003	吊筒吊顶	1. 吊筒形状、规格 2. 吊筒材料种类 3. 防护材料种类			1. 基层清理 2. 吊筒制作安装 3. 刷防护材料
011302004	藤条造型悬挂吊顶	1. 骨架材料种类、规格 2. 面层材料品种、规格		按设计图示尺寸以水平投影面积计算	1. 基层清理 2. 龙骨安装 3. 铺贴面层
011302005	织物软雕吊顶				
011302006	网架(装饰)吊顶	网架材料品种、规格			1. 基层清理 2. 网架制作安装

【例 3-24】 如图 3-26 所示为建筑物平面示意图，设计采用纸面石膏板吊顶天棚，具体工程做法为：刮腻子喷乳胶漆两遍；纸面石膏板规格为 1 200 mm×800 mm×6 mm；U 形

轻钢龙骨；钢筋吊杆；钢筋混凝土楼板。试编制纸面石膏板天棚工程量清单。

【解】 (1)计算天棚吊顶工程量。

$$S=(3\times3-0.12\times2)\times(3\times2-0.12\times2)-0.3\times0.3\times2=50.28(\text{m}^2)$$

(2)编制工程量清单。吊顶天棚工程分部分项工程量清单见表3-78。

表3-78　分部分项工程和单价措施项目清单与计价表

序号	项目编码	项目名称	项目特征描述	计量单位	工程量	金额/元		
						综合单价	合价	其中：暂估价
1	011302001001	天棚吊顶	刮腻子喷乳胶漆两遍；纸面石膏板规格为1 200 mm×800 mm×6 mm； U形轻钢龙骨； 钢筋吊杆； 钢筋混凝土楼板	m^2	50.28			

3.14.3　采光天棚

采光天棚项目特征、工程量计算等详见表3-79。

表3-79　采光天棚

项目编码	项目名称	项目特征	计量单位	工程量计算规则	工作内容
011303001	采光天棚	1. 骨架类型 2. 固定类型、固定材料品种、规格 3. 面层材料品种、规格 4. 嵌缝、塞口材料种类	m^2	按框外围展开面积计算	1. 清理基层 2. 面层制安 3. 嵌缝、塞口 4. 清洗

3.14.4　天棚其他装饰

天棚项目特征、工程计算等详见表3-80。

表3-80　天棚其他装饰

项目编码	项目名称	项目特征	计量单位	工程量计算规则	工作内容
011304001	灯带(槽)	1. 灯带形式、尺寸 2. 格栅片材料品种、规格 3. 安装固定方式	m^2	按设计图示尺寸以框外围面积计算	安装、固定

续表

项目编码	项目名称	项目特征	计量单位	工程量计算规则	工作内容
011304002	送风口、回风口	1. 风口材料品种、规格 2. 安装固定方式 3. 防护材料种类	个	按设计图示数量计算	1. 安装、固定 2. 刷防护材料

3.15 油漆、涂料、裱糊工程

3.15.1 门油漆

门油漆是指适用于各类型门的油漆工程，见表3-81。

表3-81 门油漆

项目编码	项目名称	项目特征	计量单位	工程量计算规则	工作内容
011401001	木门油漆	1. 门类型 2. 门代号及洞口尺寸 3. 腻子种类 4. 刮腻子遍数 5. 防护材料种类 6. 油漆品种、刷漆遍数	1. 樘 2. m^2	1. 以樘计量，按设计图示数量计量 2. 以平方米计量，按设计图示洞口尺寸以面积计算	1. 基层清理 2. 刮腻子 3. 刷防护材料、油漆
011401002	金属门油漆				1. 除锈、基层清理 2. 刮腻子 3. 刷防护材料、油漆
注：①木门油漆应区分木大门、单层木门、双层(一玻一纱)木门、双层(单裁口)木门、全玻自由门、半玻自由门、装饰门及有框门或无框门等项目，分别编码列项。 ②金属门油漆应区分平开门、推拉门、钢制防火门列项。 ③以平方米计量，项目特征可不必描述洞口尺寸。					

说明：

(1)门类型应分为镶板门、木板门、胶合板门、装饰实木门、木纱门、木质防火门、连窗门、平开门、推拉门、单扇门、双扇门、带纱门、全玻门(带木扇框)、半玻门、半百叶门、全百叶门以及带亮子、不带亮子、有门框、无门框和单独门框等油漆。

(2)腻子种类分石膏油腻子(熟桐油、石膏粉、适量水)、胶腻子(大白、色粉、羟甲基纤维素)、漆片腻子(漆片、酒精、石膏粉、适量色粉)、油腻子(矾石粉、桐油、脂肪酸、松香)等。

(3)刮腻子要求指刮腻子遍数(道数)、满刮腻子、找补腻子。

3.15.2 窗油漆

窗油漆项目适用于各类型窗油漆工程，见表3-82。

表3-82　窗油漆

项目编码	项目名称	项目特征	计量单位	工程量计算规则	工作内容
011402001	木窗油漆	1. 窗类型 2. 窗代号及洞口尺寸 3. 腻子种类 4. 刮腻子遍数 5. 防护材料种类 6. 油漆品种、刷漆遍数	1. 樘 2. m^2	1. 以樘计量，按设计图示数量计量 2. 以平方米计量，按设计图示洞口尺寸以面积计算	1. 基层清理 2. 刮腻子 3. 刷防护材料、油漆
011402002	金属窗油漆				1. 除锈、基层清理 2. 刮腻子 3. 刷防护材料、油漆

3.15.3 木扶手及其他板条、线条油漆

木扶手及其他板条线条油漆包括木扶手油漆，窗帘盒油漆，封檐板、顺水板油漆，挂衣板、黑板框油漆，挂镜线、窗帘棍、单独木线油漆，见表3-83。

表3-83　木扶手及其他板条、线条油漆

项目编码	项目名称	项目特征	计量单位	工程量计算规则	工作内容
011403001	木扶手油漆	1. 断面尺寸 2. 腻子种类 3. 刮腻子遍数 4. 防护材料种类 5. 油漆品种、刷漆遍数	m	按设计图示尺寸以长度计算	1. 基层清理 2. 刮腻子 3. 刷防护材料、油漆
011403002	窗帘盒油漆				
011403003	封檐板、顺水板油漆				
011403004	挂衣板、黑板框油漆				
011403005	挂镜线、窗帘棍、单独木线油漆				

3.15.4 木材面油漆

木材面油漆包括木板、纤维板、胶合板油漆，木护墙、木墙裙油漆，窗台板、筒子板、盖板、门窗套、踢脚线油漆，清水板条天棚、檐口油漆，木方格吊顶天棚油漆，吸声板墙面、天棚面油漆，暖气罩油漆，木间壁、木隔断油漆，玻璃间壁露明墙筋油漆，木栅栏、木栏杆(带扶手)油漆，衣柜、壁柜油漆，梁柱饰面油漆，零星木装修油漆，木地板油漆，木地板烫硬蜡面，详见表3-84。

表 3-84　木材面油漆

项目编码	项目名称	项目特征	计量单位	工程量计算规则	工作内容
011404001	木护墙、木墙裙油漆	1. 腻子种类 2. 刮腻子遍数 3. 防护材料种类 4. 油漆品种、刷漆遍数	m^2	按设计图示尺寸以面积计算	1. 基层清理 2. 刮腻子 3. 刷防护材料、油漆
011404002	窗台板、筒子板、盖板、门窗套、踢脚线油漆				
011404003	清水板条天棚、檐口油漆				
011404004	木方格吊顶天棚油漆				
011404005	吸声板墙面、天棚面油漆				
011404006	暖气罩油漆				
011404008	木间壁、木隔断油漆			按设计图示尺寸以单面外围面积计算	
011404009	玻璃间壁露明墙筋油漆				
011404010	木栅栏、木栏杆(带扶手)油漆				
011404011	衣柜、壁柜油漆			按设计图示尺寸以油漆部分展开面积计算	
011404012	梁柱饰面油漆				
011404013	零星木装修油漆				
011404014	木地板油漆			按设计图示尺寸以面积计算。空洞、空圈、暖气包槽、壁龛的开口部分并入相应的工程量内	
011404015	木地板烫硬蜡面	1. 硬蜡品种 2. 面层处理要求			1. 基层清理 2. 烫蜡

3.15.5　金属面油漆

金属面油漆见表 3-85。

表 3-85　金属面油漆

项目编码	项目名称	项目特征	计量单位	工程量计算规则	工作内容
011405001	金属面油漆	1. 构件名称 2. 腻子种类 3. 刮腻子要求 4. 防护材料种类 5. 油漆品种、刷漆遍数	1. t 2. m^2	1. 以吨计量，按设计图示尺寸以质量计算。 2. 以平方米计量，按设计展开面积计算	1. 基层清理 2. 刮腻子 3. 刷防护材料、油漆

3.15.6 抹灰面油漆

抹灰面油漆包括抹灰面油漆、抹灰线条油漆、满刮腻子，详见表3-86。

表 3-86 抹灰面油漆

项目编码	项目名称	项目特征	计量单位	工程量计算规则	工作内容
011406001	抹灰面油漆	1. 基层类型 2. 腻子种类 3. 刮腻子遍数 4. 防护材料种类 5. 油漆品种、刷漆遍数 6. 部位	m^2	按设计图示尺寸以面积计算	1. 基层清理 2. 刮腻子 3. 刷防护材料、油漆
011406002	抹灰线条油漆	1. 线条宽度、道数 2. 腻子种类 3. 刮腻子遍数 4. 防护材料种类 5. 油漆品种、刷漆遍数	m	按设计图示尺寸以长度计算	
011406003	满刮腻子	1. 基层类型 2. 腻子种类 3. 刮腻子遍数	m^2	按设计图示尺寸以面积计算	1. 基层清理 2. 刮腻子

3.15.7 喷刷涂料

喷刷涂料包括墙面喷刷涂料，天棚喷刷涂料，空花格、栏杆刷涂料，线条刷涂料，金属构件刷防火涂料，木材构件喷刷防火涂料，详见表3-87。

表 3-87 喷刷涂料

项目编码	项目名称	项目特征	计量单位	工程量计算规则	工作内容
011407001	墙面喷刷涂料	1. 基层类型 2. 喷刷涂料部位 3. 腻子种类 4. 刮腻子要求 5. 涂料品种、喷刷遍数	m^2	按设计图示尺寸以面积计算	1. 基层清理 2. 刮腻子 3. 刷、喷涂料
011407002	天棚喷刷涂料				
011407003	空花格、栏杆刷涂料	1. 腻子种类 2. 刮腻子遍数 3. 涂料品种、刷喷遍数		按设计图示尺寸以单面外围面积计算	

续表

项目编码	项目名称	项目特征	计量单位	工程量计算规则	工作内容
011407004	线条刷涂料	1. 基层清理 2. 线条宽度 3. 刮腻子遍数 4. 刷防护材料、油漆	m	按设计图示尺寸以长度计算	1. 基层清理 2. 刮腻子 3. 刷、喷涂料
011407005	金属构件刷防火涂料	1. 喷刷防火涂料构件名称 2. 防火等级要求 3. 涂料品种、喷刷遍数	1. m^2 2. t	1. 以吨计量，按设计图示尺寸以质量计算 2. 以平方米计量，按设计展开面积计算	1. 基层清理 2. 刷防护材料、油漆
011407006	木材构件喷刷防火涂料		m^2	以平方米计量，按设计图示尺寸以面积计算	1. 基层清理 2. 刷防火材料

小　结

在分部分项工程量清单中，实体项目的工程数量是其核心内容。本单元在基础知识部分详细编写了建筑工程及装饰装修工程中土石方工程、砌筑工程、混凝土及钢筋混凝土工程、楼地面工程、门窗工程等工程量清单项目的工程量计算方法，并强调了各清单项目所包含的工程内容及要描述的项目特征。在能力训练部分通过对一个完整工程实例的具体分析、计算、讨论，来进一步说明建筑工程及装饰工程中工程量清单项目的工程量计算方法。

习　题

1. 请说明下列各项工程项目，在分部分项工程量清单项目特征描述栏内需描述哪些内容？

(1)挖基础土方。

(2)实心砖墙。

(3)块料楼地面。

(4)墙面一般抹灰。

(5)吊顶天棚。

2. 某楼地面工程做法为：

(1)20 mm 厚 1∶2 水泥砂浆压实抹光。

(2)刷素水泥浆结合层一道。

(3)100 mm 厚 C15 混凝土。

(4)150 mm 厚 3∶7 灰土。

如图 3-29 所示的楼地面净长为 30 m，净宽为 18 m，试编制楼地面工程工程量清单。

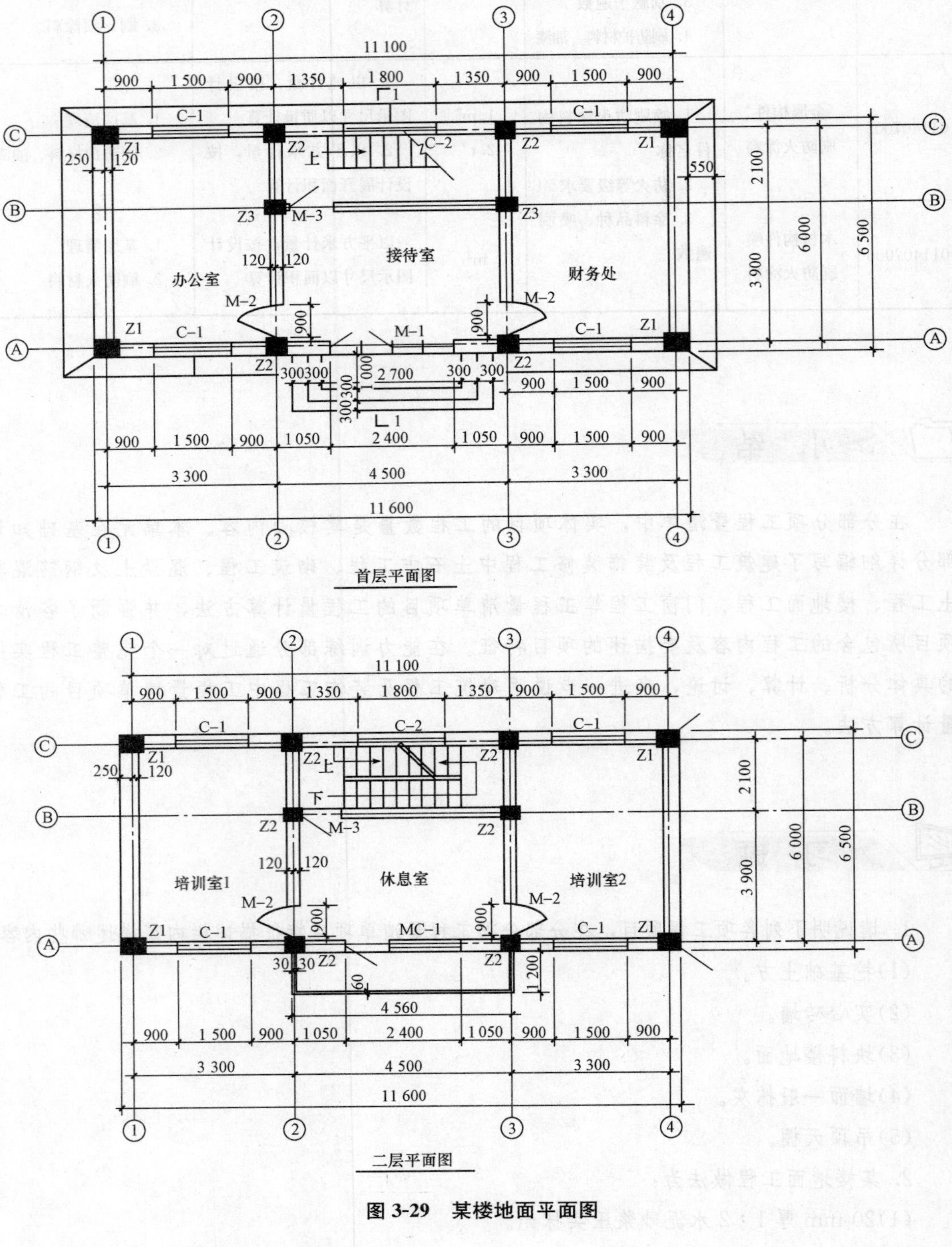

图 3-29　某楼地面平面图

单元4　措施项目工程工程量计算

学习目标

1. 了解脚手架的概念及分类；模板组成及作用；垂直运输的组成及分类。

2. 掌握各类脚手架的计算方法；混凝土模板工程量计算规则；垂直运输工程量计算规则。

学习重点

1. 脚手架工程量计算规则。

2. 混凝土模板工程量计算规则。

3. 垂直运输工程量计算规则。

4.1　脚手架工程

1. 脚手架的概念

脚手架是指为施工作业需要所搭设的架子。随着脚手架品种和多功能用途的发展，现已扩展为使用脚手架材料(杆件、配件和构件)所搭设的、用于施工要求的各种临时性构架。

2. 脚手架的分类

脚手架主要有以下几种分类方法：

(1)按用途划分，脚手架可分为操作(作业)脚手架、防护用脚手架、承重支撑用脚手架。其中，操作(作业)脚手架又可分为结构作业脚手架(俗称砌筑脚手架)和装修作业脚手架。

(2)按构架方式可分为杆件组合式脚手架、框架组合式脚手架、格构件组合式脚手架和台架。

(3)按搭设位置划分：

1)外脚手架：沿建筑物外围搭设的脚手架。

2)里脚手架：搭设与建筑物内部的一种脚手架。其一般多用工具式里脚手架，将脚手架搭设在各层楼板上，待砌完一个楼层的墙体，即将脚手架全部运到上一个楼层去。

(4)按设置形式划分：

1)单排脚手架：只有一排立杆的脚手架。其横向平杆的另一端搁置在墙体结构上。

2)双排脚手架：具有两排立杆的脚手架。

3)多排脚手架：具有三排立杆以上的脚手架。

4)满堂脚手架：按施工作业范围满设的、两个方向上各有三排以上立杆的脚手架；按墙体或施工作业最大高度，由地面起满高度设置的脚手架。

(5)按脚手架的支固方式分为落地式脚手架、悬挑脚手架、附墙悬挂脚手架、悬吊脚手架、附着升降脚手架和水平移动脚手架。

(6)按脚手架平、立杆的连接方式分为承插式脚手架、扣接式脚手架和销栓式脚手架。

(7)按脚手架材料分为竹脚手架、木脚手架和钢管(或金属)脚手架。

4.1.1 综合脚手架

综合脚手架是综合了建筑物中砌筑内外墙所需用的砌墙脚手架、运料斜坡、上料平台、金属卷扬机架、外墙粉刷脚手架等内容。它是工业和民用建筑物砌筑墙体(包括其外粉刷)，所使用的一种脚手架。

综合脚手架工程量计算规则见表 4-1。

表 4-1 综合脚手架

项目编码	项目名称	项目特征	计量单位	工程量计算规则	工作内容
011701001	综合脚手架	1. 建筑结构形式 2. 檐口高度	m^2	按建筑面积计算	1. 场内、场外材料搬运 2. 搭、拆脚手架、斜道、上料平台 3. 安全网的铺设 4. 选择附墙点与主体连接 5. 测试电动装置、安全锁等 6. 拆除脚手架后材料的堆放

4.1.2 里脚手架

里脚手架搭设于建筑物内部，每砌完一层墙后，即将其转移到上一层楼面，进行新的一层砌体砌筑，它可用于内外墙的砌筑和室内装饰施工。里脚手架虽然用料较少，但装拆频繁，故要求轻便灵活，装拆方便。其结构形式有折叠式、支柱式、门架式等。

里脚手架工程量计算规则见表 4-2。

表 4-2　里脚手架

项目编码	项目名称	项目特征	计量单位	工程量计算规则	工作内容
011701003	里脚手架	1. 搭设方式 2. 搭设高度 3. 脚手架材质	m^2	按所服务对象的垂直投影面积计算	1. 场内、场外材料搬运 2. 搭、拆脚手架、斜道、上料平台 3. 安全网的铺设 4. 拆除脚手架后材料的堆放

4.1.3　满堂脚手架

满堂脚手架又称为满堂红脚手架，是一种搭建脚手架的施工工艺，是在结构物施工前，为了施工安全以及施工顺利进行，根据图纸设计要求尺寸，经过计算、地基处理在施工部位的下方进行的横向纵向、水平方向和垂直方向用钢管扣件支撑风缆绳等进行的钢管的均匀等距离安装拼接，以承受来自上方模板、结构本身、人员、机械重量的全方位的拱架，施工前经过预压、测量满足要求后方可使用。满堂脚手架相对其他脚手架系统密度大，也更稳固。满堂脚手架主要用于单层厂房、展览大厅、体育馆等。

满堂脚手架工程量计算规则见表 4-3。

表 4-3　满堂脚手架

项目编码	项目名称	项目特征	计量单位	工程量计算规则	工作内容
011701006	满堂脚手架	1. 搭设方式 2. 搭设高度 3. 脚手架材质	m^2	按搭设的水平投影面积计算	1. 场内、场外材料搬运 2. 搭、拆脚手架、斜道、上料平台 3. 安全网的铺设 4. 拆除脚手架后材料的堆放

4.2　混凝土模板及支架(撑)

4.2.1　模板系统的组成和作用

模板是保证混凝土浇筑成型的模型，钢筋混凝土结构的模板系统是由模板、支架(撑)及紧固件等组成。模板是新浇混凝土结构或构件成型的模具，使硬化后的混凝土具有设计所要求的形状和尺寸；支架的作用是保证模板的形状和位置。

4.2.2　模板的类型

常用的模板分为以下几种类型：

(1)木模板。木模板是由一些板条用拼条钉拼而成的模板系统。

(2)组合模板。组合模板是一种工具式模板，是工程施工中用的最多的一种模板，有组合钢模板、钢框竹(木)胶合板模板等。

(3)大模板。大模板是一种大尺寸的工具式模板。一块大模板由面板、主肋、次肋、支撑桁架、稳定机械及构件组成。

(4)滑升模板。滑升模板是一种工具式模板，由模板系统、操作平台系统和液压系统三部分组成。

(5)爬升模板。爬升模板简称爬模，是施工剪力墙体系和筒体体系的钢筋混凝土结构高层建筑的一种有效的模板体系。爬模分为有爬架爬模和无爬架爬模两类。

(6)台模。台模是一种大型工具式模板，主要用于浇筑平板式或带边梁的楼板，一般是一个房间一块台模，有时甚至更大。

(7)隧道模板。隧道模板是用于同时整体浇筑墙体和楼板的大型工具式模板，能将各开间沿水平方向逐段逐间整体浇筑。

(8)永久性模板。永久性模板是指一些施工时起模板作用而浇筑混凝土后又是结构本身组成部分之一的预制板材。目前，使用最多的永久性模板是压型钢板。

4.2.3 混凝土模板及支架(撑)工程

混凝土模板及支架(撑)工程量计算规则见表 4-4。

表 4-4 混凝土模板及支架(撑)

<table>
<tr><th>项目编码</th><th>项目名称</th><th>项目特征</th><th>计量单位</th><th>工程量计算规则</th><th>工作内容</th></tr>
<tr><td>011702001</td><td>基础</td><td>基础类型</td><td></td><td rowspan="13">按模板与现浇混凝土构件的接触面积计算
1. 现浇钢筋混凝土墙、板单孔面积≤0.3 m^2 的孔洞不予扣除，洞侧壁模板亦不增加；单孔面积>0.3 m^2 时应予扣除，洞侧壁模板面积并入墙、板工程量内计算
2. 现浇框架分别按梁、板、柱有关规定计算；附墙柱、暗梁、暗柱并入墙内工程量内计算</td><td rowspan="13">1. 模板制作
2. 模板安装、拆除、整理堆放及场内外运输
3. 清理模板粘结物及模内杂物、刷隔离剂等</td></tr>
<tr><td>011702002</td><td>矩形柱</td><td rowspan="2"></td><td rowspan="12">m^2</td></tr>
<tr><td>011702003</td><td>构造柱</td></tr>
<tr><td>011702004</td><td>异形柱</td><td>柱截面形状</td></tr>
<tr><td>011702005</td><td>基础梁</td><td>梁截面形状</td></tr>
<tr><td>011702006</td><td>矩形梁</td><td>支撑高度</td></tr>
<tr><td>011702007</td><td>异形梁</td><td>1. 梁截面形状
2. 支撑高度</td></tr>
<tr><td>011702008</td><td>圈梁</td><td rowspan="2"></td></tr>
<tr><td>011702009</td><td>过梁</td></tr>
<tr><td>011702010</td><td>弧形、拱形梁</td><td>1. 梁截面形状
2. 支撑高度</td></tr>
<tr><td>011702011</td><td>直形墙</td><td rowspan="3"></td></tr>
<tr><td>011702012</td><td>弧形墙</td></tr>
<tr><td>011702013</td><td>短肢剪力墙、电梯井壁</td></tr>
</table>

续表

项目编码	项目名称	项目特征	计量单位	工程量计算规则	工作内容
011702014	有梁板	支撑高度	m^2	3. 柱、梁、墙、板相互连接的重叠部分，均不计算模板面积 4. 构造柱按图示外露部分计算模板面积	1. 模板制作 2. 模板安装、拆除、整理堆放及场内外运输 3. 清理模板粘结物及模内杂物、刷隔离剂等
011702015	无梁板				
011702016	平板				
011702017	拱板				
011702018	薄壳板				
011702019	空心板				
011702020	其他板				
011702021	栏板				
011702022	天沟、檐沟	构件类型		按模板与现浇混凝土构件的接触面积计算	
011702023	雨篷、悬挑板、阳台板	1. 构件类型 2. 板厚度		按图示外挑部分尺寸的水平投影面积计算，挑出墙外的悬臂梁及板边不另计算	
011702024	楼梯	类型		按楼梯（包括休息平台、平台梁、斜梁和楼层板的连接梁）的水平投影面积计算，不扣除宽度≤500 mm的楼梯井所占面积，楼梯踏步、踏步板、平台梁等侧面模板不另计算，伸入墙内部分亦不增加	
011702025	其他现浇构件	构件类型		按模板与现浇混凝土构件的接触面积计算	
011702026	电缆沟、地沟	1. 沟类型 2. 沟截面		按模板与电缆沟、地沟接触的面积计算	
011702027	台阶	台阶踏步宽		按图示台阶水平投影面积计算，台阶端头两侧不另计算模板面积。架空式混凝土台阶，按现浇楼梯计算	
011702028	扶手	扶手断面尺寸		按模板与扶手的接触面积计算	
011702029	散水			按模板与散水的接触面积计算	
011702030	后浇带	后浇带部位		按模板与后浇带的接触面积计算	
011702031	化粪池	1. 化粪池部位 2. 化粪池规格		按模板与混凝土接触面积计算	
011702032	检查井	1. 检查井部位 2. 检查井规格			

4.3 垂直运输

4.3.1 垂直运输工具

1. 塔式起重机的组成

塔式起重机由钢结构、工作机构、电气设备及安全装置组成。

(1)钢结构：包括起重臂(吊臂)、平衡臂、塔尖、塔身(塔架)、转台、底架及台车等。

(2)工作机构：包括起升机构(主卷扬)、变幅机构、回转机构及大车行走机构等。

(3)电气设备：包括电动机、电缆卷筒和中央集电环、操纵电动机用的各种电器、整流器、控制开关盒仪表、保护电器、照明设备和音响信号装置等。

(4)安全装置：包括起重力矩限制器、起重量限制器、吊钩高度限制器、幅度限位开关、大车行程限制器等。

2. 塔式起重机的分类

塔式起重机可按行走机构方式、旋转方式、变幅方式和起重能力大小等来分类，见表4-5。

表4-5 塔式起重机分类与应用范围

塔式起重机分类			在建筑施工中的应用范围			
			多层	中高层	高层	超高层
轨道式	上回转	俯仰变幅臂架		√	√	
	(塔身固定不转)	小车变幅臂架		√	√	
	下回转	俯仰变幅臂架	√	√	√	
	(塔身回转)	小车变幅臂架	√	√		
固定式	附着式	俯仰变幅臂架			√	√
	(上回转)	小车变幅臂架			√	√
	内爬式	俯仰变幅臂架			√	√
	(上回转)	小车变幅臂架			√	√

附着式与内爬式塔式起重机优缺点见表4-6。

表4-6 附着式与内爬式塔式起重机优缺点对比表

塔式起重机类别	优点	缺点
附着式塔式起重机	1. 起升高度一般为70～100 m，少数达160 m 2. 能随施工进程进行顶升接高，安装方便 3. 占用施工场地极小，特别适合在狭窄工地施工	1. 需每隔一定距离与建筑物拉结，对建筑结构增加横向荷载 2. 由于塔身固定，服务空间受到限制 3. 在地面拆装需占用较大场地

续表

塔式起重机类别	优点	缺点
内爬式塔式起重机	1. 安装在建筑物内部(利用电梯井、楼梯间等空间),不占施工现场用地,无须铺设轨道基础,无须复杂的锚固装置 2. 用钢量省,造价低 3. 特别适合于超高层塔式建筑施工,经济效益较好	1. 工程竣工以后拆卸工作较为麻烦,需辅机协助 2. 塔式起重机荷载作用于楼层,建筑结构需进行相应的加固 3. 司机视线受阻碍,司机与挂钩工联系困难

3. 塔式起重机的选用

选用塔式起重机进行高层建筑结构施工时,首先应根据施工对象确定所要求的参数,然后再根据起重机的技术性能,选定塔式起重机的型号。

塔式起重机的选用要综合考虑建筑物的高度;建筑物的结构类型;构件的尺寸和重量;施工进度、施工流水段的划分和工程量;现场的平面布置和周围环境条件等各种情况。同时要兼顾装、拆塔式起重机的场地和建筑结构满足搭架锚固、爬升的要求。

4. 塔式起重机参数的确定

塔式起重机的主要参数有幅度、起重量、起重力矩和吊钩高度等。

(1)幅度。幅度又称回转半径或工作半径,是从塔式起重机回转中心线至吊钩中心线的水平距离,它包括最大幅度和最小幅度两个参数。选择塔式起重机时,首先应考察该塔式起重机的最大幅度是否能满足施工需要。

(2)起重量。起重量包括最大幅度时的起重量和最大起重量两个参数。起重量包括重物、吊索及铁扁担或容器等的重量。

(3)起重力矩。起重力矩(单位为 kN · m)是指幅度和与之相应的起重量的乘积。塔式起重机的额定起重力矩是反映塔式起重机起重能力的一项首要指标。在进行塔式起重机选型时,初步确定起重量和幅度参数后,还必须根据塔式起重机技术说明书中给出的数据,核查是否超过额定起重力矩。

(4)吊钩高度。吊钩高度是指自混凝土基础顶面至吊钩中心的垂直距离,其大小与塔身高度及臂架构造形式有关。选用时,应根据建筑物的总高度、预制构件或部件的最大高度、脚手架构造尺寸以及施工方法等确定。

4.3.2 建筑物垂直运输

建筑物垂直运输的工作内容为:垂直运输机械的固定装置、基础制作、安装;行走式垂直运输机械轨道的铺设、拆除、摊销。

4.3.3 构筑物垂直运输

构筑物垂直运输的工作内容为:垂直运输机械的固定装置、基础制作、安装;行走式垂直运输机械轨道的铺设、拆除、摊销。

4.3.4 地下工程垂直运输

地下工程垂直运输的工作内容为：垂直运输机械的固定装置、基础制作、安装；行走式垂直运输机械轨道的铺设、拆除、摊销。

垂直运输工程量计算规则见表 4-7。

表 4-7 垂直运输

项目编码	项目名称	项目特征	计量单位	工程量计算规则	工作内容
011703001	垂直运输	1. 建筑物建筑类型及结构形式 2. 地下室建筑面积 3. 建筑物檐口高度、层数	1. m^2 2. 天	1. 按建筑面积计算 2. 按施工工期日历天数计算	1. 垂直运输机械的固定装置、基础制作、安装 2. 行走式垂直运输机械轨道的铺设、拆除、摊销

4.4 超高施工增加

1. 超高施工增加费概述

当建筑物的檐至设计室外标高之差超过 20 mm 时，施工过程中的人工、机械的效率就会降低，而消耗量则会增加，还需要增加加压水泵以及增加其他上下联系的工作，以上情况都会使建筑物超高的施工费用增加。超高施工增加工程量计算规则见表 4-8。

2. 超高施工增加费包含的内容

(1)垂直运输机械降效。

(2)上人电梯费用。

(3)人工降效。

(4)自来水加压及附属设施。

(5)上下通信器材的摊销。

(6)白天施工照明和夜间高空安全信号增加费。

(7)临时卫生设施。

(8)其他。

表 4-8 超高施工增加

项目编码	项目名称	项目特征	计量单位	工程量计算规则	工作内容
011704001	超高施工增加	1. 建筑物建筑类型及结构形式 2. 建筑物檐口高度、层数 3. 单层建筑物檐口高度超过 20 m，多层建筑物超过 6 层部分的建筑面积	m^2	按建筑物超高部分的建筑面积计算	1. 建筑物超高引起的人工工效降低以及由于人工工效降低引起的机械降效 2. 高层施工用水加压水泵的安装、拆除及工作台班 3. 通信联络设备的使用及摊销

4.5 大型机械设备进出场及安拆

1. 大型机械设备进出场及安拆的概述

(1)进出场费用。进出场费用是指不能或不允许自行行走的施工机械或施工设备，整体或分体自停放地点运至施工现场，或由一施工地点运至另一施工地点的运输、装卸、辅助材料及架线等费用。

(2)安拆费用。安拆费用是指施工机械在现场进行安装与拆卸所需的人工、材料、机械和试运转费用及机械辅助设施费用(包括安装机械的基础、底座、固定锚桩、行走轨道枕木等的折旧、搭设、拆除费用)。

2. 工作内容

安拆费用包括施工机械、设备在现场进行安装拆卸所需人工、材料、机械和试运转费用以及机械辅助设施的折旧、搭设、拆除等费用。

进出场费用包括施工机械、设备整体或分体自停放地点运至施工现场或由一施工地点运至另一施工地点所发生的运输、装卸、辅助材料等费用。

4.6 施工排水、降水

1. 施工排水、降水概述

(1)施工排水。施工排水是排除施工场地或施工部位的地表水，即可采取截水沟、集水坑、人工清理，用抽水机抽等排到施工场地以外。

(2)施工降水。在地下水水位高的土层中开挖大面积基坑时，采取措施降低地下水的水位，采用井点降水的人工降水方法施工。地下水水位高的土层中开挖大面积基坑时，明沟排水法难以排干大量的地下涌水，当遇粉细砂层时，还会出现严重的翻浆、冒泥、涌砂现象，不仅基坑无法挖深，还可能造成大量水土流失、边坡失稳、地面塌陷，严重者危及邻近建筑物的安全。遇有此种情况时应采用井点降水的人工降水方法施工。

井点降水是在基坑开挖前，预先在基坑四周埋设一定数量滤水管(井)，利用抽水设备从中抽水使地下水水位降低的方法。同时，在基坑开挖过程中不断抽水时，地下水水位始终在基坑底部以下。

2. 降水的概念

当建筑物或构筑物的基础埋置深度在地下水水位以下时，为保证土方施工的顺利进行、确保土方边坡的稳定，需将地下水水位降到基础埋置深度以下，这项工作就称为降水。

3. 降水的分类

降低地下水水位的方法一般可分为集水坑降水和井点降水两大类。

4. 井点降水的种类

常用井点降水的种类可分为轻型井点、喷射井点、电渗井点、管井井点、深井井点等降水方法。

(1)轻型井点降水。

1)轻型井点降水的施工步骤：挖井点沟槽，敷设集水总管；冲孔，埋设井点管，灌砂滤料；用弯连管将井点管与集水总管连接；安装抽水设备；试抽；井点拆除。

2)轻型井点降水的使用范围。3～6 m时，一套抽水设备能带动的总管长度，一般为100～120 m。轻型井点布置，单排、双排、环形等布置方式。

(2)喷射井点降水。

1)喷射井点降水的施工步骤：在井点内设特制的喷射器，用高压水泵或空气压缩机向喷射器输入高压或压缩空气，形成水气射流，将地下水抽出排走。其降水深度可达8～20 m。

2)喷射井点降水的使用范围：适用于开挖深度较深、降水深度大于8 m，土渗透系数为3～50 m/d的砂土或渗透系数为0.1～0.3 m/d的粉砂、淤泥质土、粉质黏土。

(3)电渗井点降水。

1)电渗井点降水的施工步骤：电渗井点以井点管作负极，打入的钢筋作正极，通入直流电后，土颗粒自负极向正极移动，水则自正极向负极移动而被集中排出。

2)电渗井点降水的使用范围：适用于渗透系数很小的饱和黏性土、淤泥。本法常与轻型井点或喷射井点结合使用。

(4)管井井点降水。

1)管井井点降水的施工步骤：由滤水井管、吸水管和抽水机组成。管井埋设的深度和距离根据需降水面积、深度及渗透系数确定，一般间距为20～50 m，最大埋深可达10 m，管井距基坑边缘距离不小于1.5 m(冲击钻成孔)或3 m(钻孔法成孔)。

2)管井井点降水的使用范围。管井井点适用于降水深度8～15 m、渗透系数为20～200 m/d的基坑中施工降水。

(5)深井井点降水。深井井点的使用范围一般是降水深度较大，适用于降水深度＞15 m、渗透系数为10～250 m/d的基坑，故又称为“深井泵法”。

3. 计算规则

轻型井点、大口径井点的工程量按不同井管深度的井管安装、拆除，以根为单位计算；水泥管井井点工程量按井深以长度计算。使用工程量，按套数乘以使用天数，以“套·天”计算。

小　结

本章介绍了建筑安装工程费用项目的组成，工程量清单计价下的费用构成，工程量清单计价的依据及方法，工程量清单计价模式下的招标控制价的确定方法，工程量清单计价模式下的招标、控制价的编制原则，工程量清单计价模式下的投标报价策略等内容。其中建筑安装工程费用项目的组成，工程量清单计价模式下的招标、控制价的编制原则，工程量清单计价模式下的投标报价策略是本单元的学习重点，要求同学们理解掌握。

习　题

1. 脚手架按用途划分，可分为哪几种类型?
2. 脚手架按设置形式划分，可分为哪几种类型?
3. 模板的类型，常用的有哪几种?
4. 塔式起重机可分为哪几类?
5. 附着式与内爬式塔式起重机优、缺点分别是什么?
6. 超高施工增加费的计算条件是什么?

单元5 工程量清单计价方法

学习目标

1. 了解工程量清单计价方法；工程量清单计价模式下的招标控制价的确定方法。

2. 掌握工程量清单计价费用构成；工程量清单计价依据及应用；工程量清单计价模式下的招标、控制价的编制原则。

学习重点

1. 工程量清单计价费用构成；工程量清单计价依据。

2. 工程量清单计价模式下的招标、控制价的编制原则。

5.1 工程量清单计价下的费用构成

5.1.1 建筑安装工程费用的组成

根据住房和城乡建设部、财政部印发的《建筑安装工程费用项目组成》(建标〔2013〕44号)规定，结合实际情况，建筑安装工程费用由人工费、材料(包含工程设备，下同)费、施工机具使用费、企业管理费、利润、规费和税金组成。

(1)人工费：其是指按工资总额构成规定，支付给从事建筑安装工程施工的生产工人和附属生产单位工人的各项费用。

(2)材料费：其是指施工过程中耗用的构成工程实体的原材料、辅助材料、构配件、零件、半成品或成品、工程设备和周转使用材料的摊销的费用。

(3)施工机具使用费(以下简称机具费)：其是指施工作业所发生的施工机械、仪器仪表使用费或其租赁费。

(4)企业管理费：其是指建筑安装企业组织施工生产和经营管理所需的费用。

(5)利润：其是指施工企业或承包商为社会劳动创造的价值在完成所承包工程获得的盈利。

(6)规费：其是指按国家法律、法规规定，由省级政府和省级有关权力部门规定必须缴纳的费用，该项费用不得作为竞争性费用。

(7)税金：其是指国家税法规定的应计入建筑安装工程造价内的增值税、城市维护建设税、教育费附加以及地方教育附加。

5.1.2 工程量清单计价的费用构成

根据《建设工程工程量清单计价规范》(GB 50500—2013)规定，工程量清单计价的费用由分部分项工程费(或人工费、材料费、施工机具使用费、企业管理费、利润)、措施项目费、其他项目费、规费、税金组成。

(1)分部分项工程费是指各专业工程的分部分项工程应予列支的各项费用。

1)专业工程。专业工程是指按现行国家工程量计算规范划分的房屋建筑与装饰工程、仿古建筑工程、通用安装工程、市政工程、园林绿化工程、矿山工程、构筑物工程、城市轨道交通工程、爆破工程等各类工程。

2)分部分项工程。分部分项工程是指按现行国家工程量计算规范对各专业工程划分的项目。

(2)措施项目费。措施项目费是指为完成建设工程施工，发生于该工程施工前和施工过程中的技术、生活、安全、环境保护等方面的费用。

措施项目分单价措施项目和总价措施项目，单价措施项目是指可以计算工程量的措施项目，总价措施项目是指在现行国家工程量计算规范中无工程量计算规则，不能计算工程量，以总价(或计算基础乘费率)计价的项目。总价措施项目内容包括如下：

1)安全文明施工费。

①环境保护费：其是指施工现场为达到环保部门要求所需要的各项费用。

②文明施工费：其是指施工现场文明施工所需要的各项费用。

③安全施工费：其是指施工现场安全施工所需要的各项费用。

④临时设施费：其是指施工企业为进行建设工程施工所必须搭设的生活和生产用的临时建筑物、构筑物和其他临时设施费用。临时设施费包括临时设施的搭设、维修、拆除、清理费或摊销费等。

2)夜间施工增加费：其是指在合同工程工期内，按设计或技术要求为保证工程质量必须在夜间连续施工增加的费用。夜间施工增加费包括：夜间补助费、夜间施工降效、夜间施工照明设备摊销及照明用电等费用，内容详见各专业工程量计算规范。

3)非夜间施工增加费：其为保证工程施工正常进行，在地下(暗)室、设备及大口径管道等特殊施工部位施工时所采用的照明设备的安拆、维护、照明用电及摊销等；在地下(暗)室等施工引起的人工工效降低以及由于人工工效降低引起的机械降效所发生的费用。

4)二次搬运费：其是指因施工场地条件限制而发生的材料、构配件、半成品等一次运输不能到达堆放地点，必须进行二次或多次搬运所发生的费用。

5)冬、雨期施工增加费：其是指在冬期或雨期施工需增加的临时设施、防滑、排除雨雪，人工及施工机械效率降低等费用，内容详见各专业工程量计算规范。

6)地上、地下设施、建筑物的临时保护设施费：其是指在工程施工过程中，对已建成的地上、地下设施和建筑物进行的遮盖、封闭、隔离等必要保护措施所发生的费用。

7)已完工程及设备保护费：其是指对已完工程及设备采取的覆盖、包裹、封闭、隔离等必要保护措施所发生的费用。

8)工程定位复测费：其是指工程施工过程中进行全部施工测量放线和复测工作的费用。

(3)其他项目费。

1)暂列金额。暂列金额是指招标人在工程量清单中暂定并包括在合同价款中的一笔款项。用于施工合同签订时尚未确定或者不可预见的所需材料、设备、服务的采购，施工中可能发生的工程变更、合同约定调整因素出现时的工程价款调整以及发生的索赔、现场签证确认等的费用。

2)暂估价。暂估价包括材料暂估单价、工程设备暂估单价、专业工程暂估价。其是招标人在工程量清单中提供的用于支付必然发生但暂时不能确定价格的材料的单价以及专业工程的金额。

3)计日工。在施工过程中，完成发包人提出的施工图样以外的零星项目或工作按计日工计算。

4)总承包管理费。总承包管理费是指总承包人为配合协调发包人进行的工程分包、自行采购的设备、材料等进行管理、服务以及施工现场管理、竣工资料汇总整理等服务所需的费用。

①总承包服务费的性质：是在工程建设的施工阶段实行施工总承包时，由发包人支付给总承包人的一笔费用。承包人进行的专业分包或劳务分包不在此列。

②总承包服务费的用途：

a. 当招标人在法律、法规允许的范围内对专业工程进行发包，要求总承包人协调服务；

b. 发包人自行采购供应部分材料、工程设备时，要求总承包人提供保管等相关服务；

c. 总承包人对施工现场进行协调和统一管理、对竣工资料进行统一汇总整理等所需的费用。

(4)规费。其是指根据国家法律、法规规定，由省级政府或省级有关权力部门规定施工企业必须缴纳的，应计入建筑安装工程造价的费用。其包括：

1)工程排污费；

2)社会保险费；

3)住房公积金。

(5)税金。其是指国家税法规定的应计入建筑安装工程造价内的增值税、城市维护建设税、教育费附加和地方教育附加。

5.2 工程量清单计价依据及应用

1. 编制工程量清单的依据

(1)“计价规范”和相关工程的国家计量规范。

(2)国家或省级、行业建设主管部门颁发的计价依据和办法。

(3)建设工程设计文件。

(4)与建设工程项目有关的标准、规范、技术资料。

(5)招标文件及其补充通知、答疑纪要。

(6)施工现场情况、工程特点及常规施工方案。

(7)其他相关资料。

工程量计算除依据“计算规范”各项规定，还应依据以下文件：

(1)经审定的施工设计图纸及其说明。

(2)经审定的施工组织设计或施工技术措施方案。

(3)经审定的其他有关技术经济文件。

2. 工程量清单计价应用

(1)使用国有资金投资的建设工程发承包，必须采用工程量清单计价。

(2)非国有资金投资的建设工程，宜采用工程量清单计价。

(3)不采用工程量清单计价的建设工程，应执行“计算规范”除工程量清单等专门性规定外的其他规定。

(4)工程量清单应采用综合单价计价。

3. 工程量清单计价依据

工程量清单是指建设工程的分部分项项目、措施项目、其他项目、规费项目和税金项目的名称和相应数量等的明细清单。采用工程量清单方式招标，工程量清单必须作为招标文件的组成部分，其准确性和完整性由招标人负责。工程量清单是工程量清单计价的基础，应作为编制招标控制价、投标报价、计算工程量、支付工程款、调整合同价款、办理竣工结算以及工程索赔等的依据之一。

5.3 工程量清单计价的方法

工程量清单计价方法是一种区别于定额计价模式的新计价模式，是一种主要由市场定价的计价模式。其是由建筑产品的买方和卖方在建设市场上根据供求状况、信息状况进行自由竞价，从而最终能够签订工程合同价格的方法。

1. 建筑产品价格的市场化过程

我国建筑产品价格市场化经历了“国家定价⟶国家指导价⟶国家调控价”三个阶段。利用工程建设定额计算工程造价就价格形成而言，其介于国家定价和国家指导价之间。

(1)第一阶段即国家定价阶段。其主要特征是：

1)这种“价格”分为设计概算、施工图预算、工程费用签证和竣工结算。

2)这种“价格”属于国家定价的价格形式，国家是这一价格形式的决策主体。

(2)第二阶段即国家指导价阶段。这个阶段出现了预算包干价格形式和工程招标投标价格两种形式。工程招标投标价格是在建筑产品招标投标交易过程中形成的工程价格，其表现为标底价、投标报价、中标价、合同价、结算价格等形式。其价格形成的特征是：计划控制性；国家指导性；竞争性。

(3)第三阶段即国家调控价阶段。国家调控价阶段的价格的形成可以不受国家工程造价管理部门的直接干预，而是根据市场的具体情况，竞争形成价格。价格形成的特征是：竞争形成；自发波动；自发调节。

2. 工程量清单计价的基本方法与程序

工程量清单计价的过程可以分为工程量清单的编制和利用工程量清单来编制投标报价(或招标控制价)两个阶段。其计算过程如以下公式所示：

(1)分部分项工程费＝$\sum$分部分项工程量×相应分部分项综合单价。

(2)措施项目费＝$\sum$各措施项目费。

(3)其他项目费＝暂列金额＋暂估价＋计日工＋总承包服务费。

(4)单位工程报价＝分部分项工程费＋措施项目费＋其他项目费＋规费＋税金。

(5)单项工程报价＝$\sum$单位工程报价。

(6)建设项目总报价＝$\sum$单项工程报价。

(7)综合单价。综合单价是指完成一个规定计量单位的分部分项工程量清单项目或措施清单项目所需的人工费、材料费、施工机具使用费和企业管理费与利润，以及一定范围内的风险费用。

5.3.1 清单计价模式下招标控制价的确定方法

1. 编制流程

基本思路：基于(招标)工程量清单，利用“计价规范”，收集有关资料，了解现场情况及市场行情，依次计算分部分项工程费、措施项目费等，并汇总形成招标控制价。

2. 各项费用及税金的确定方法

(1)分部分项工程费的确定。

1)根据招标文件和工程量清单项目中的特征描述及有关要求，确定综合单价。

2)综合单价的组成：基本组成；招标文件中要求投标人承担的风险费用；若招标文件

提供了暂估单价材料的，应按暂估的单价计入综合单价。

3)分部分项工程费＝清单工程量×综合单价。

(2)措施项目费的确定。

1)可以计量的措施项目，应按措施项目清单中的工程量，确定综合单价；不能计量的措施项目，以“项”为单位计算总价，并包括除规费、税金外的全部费用。

2)其中的安全文明施工费，应按照国家或省级、行业建设主管部门的规定标准计价。

(3)其他项目费的确定。

1)暂列金额：其是指招标工程量清单中列出的金额。

2)暂估价：其是指材料、设备的单价，按招标工程量清单中列出的单价，计入综合单价；专业工程金额，招标工程量清单中列出的金额填写。

3)计日工：人工、施工机械台班单价，按工程造价管理机构公布的单价计算；材料按工程造价管理机构公布的单价计算，否则按市场调查确定的单价计算。

4)总承包服务费：发包人要求总包人对其发包的专业工程进行现场协调和统一、对竣工资料进行统一汇总整理，按发包的专业工程估算造价的1.5％计算；总包人对其发包的专业工程进行总承包管理和协调，又要求提供配合服务时，根据招标文件列出的配合服务内容，按发包的专业工程估算造价的3％～5％计算；招标人自行供应材料、设备的，按招标人供应材料、设备价值的1％计算。

(4)规费和税金的确定(略)。

5.3.2 清单计价模式下招标控制价的编制原则

招标控制价应根据下列依据编制与复核：

(1)“计价规范”和相关工程的国家计量规范。

(2)国家或省级、行业建设主管部门颁发的计价定额和计价办法。

(3)建设工程设计文件及相关资料。

(4)拟定的招标文件及招标工程量清单。

(5)与建设项目相关的标准、规范、技术资料。

(6)施工现场情况、工程特点及常规施工方案。

(7)工程造价管理机构发布的工程造价信息；工程造价信息没有发布的，参照市场价。

(8)其他的相关资料。

5.3.3 清单计价模式下投标报价策略

工程量清单计价是区别于定额计价模式的一种新的计价模式，与传统的定额计价相比较，首先，工程量清单计价从本质上是一种主要反映“量价分离”的计价模式，“量”由招标人提出，“价”由投标人填报；其次，有利于实现工程风险的合理分担；真正体现出建设产品的买方和卖方在建设市场上根据市场供求状况、信息状况进行自由竞价，营造了平等竞争、优胜劣汰的环境。然而，工程量清单计价为建设市场的交易双方提供了一个平等的平台，随即投标策略也是投标人在投标竞争中系统工作部署及其参与投标竞争的方式和手段，贯穿于投标竞争的始终；最核心的还是投标人如何利用合理报价技巧，使投标人能够报出最有竞争力的报价获得中标。故此在实际工作中，投标报价策略有以下几种：

(1)能够早日收到钱款的项目，如开办费、土方、基础等。

(2)估计今后会增加工程量的项目，单价可以提高些；反之，估计工程量将会减少的项目单价可降低些。

(3)图纸不明确有错误的，估计今后会有修改的；或工程内容说明不清楚，价格可能低，待今后索赔时提高价格。

(4)计日工资和零星施工机械台班小时单价报价，可稍高于工程单价中的相应单价。因为这些单价不包括在投标价格中，发生时按实计算。

(5)无工程量而只报单价的项目，如土木工程中挖湿土或岩石等备用单价，单价宜高些。

(6)暂定工程或暂定数额的估价，如果估价今后发生的工程，价格可定的高一些，反之价格可低一些。

以上投标报价策略就是指在同一工程项目中，在总价不变的情况下，对分部分项报价做适当调整，以争取更多的盈利。

5.3.4 清单计价模式下其他阶段工程造价的确定

(1)对工程造价进行控制时，要对设计方案进行完善，尽量减少设计时出现变动。

施工图纸的准确和设计方案的完善是对工程量清单编制的高质量的保证。如果设计方案与施工图纸的准确达不到国家的规定深度，工程的图纸不清晰，会使工程量清单的编制出现失误，进而直接对投标、报价的合理和公平产生影响，为日后工作中的变动和索赔要求带来不便。

(2)投资决策阶段工程造价的控制。建设项目投资决策阶段，项目的各项技术经济决策对建设项目工程造价以及项目建成投产后的经济效益有着决定性的影响，是建设工程造价控制的重要阶段。

(3)造价控制在设计阶段进行时的注意事项。项目在决策通过后，下一步的关键就是设计方案。即使设计费用在全部工作费用中所占比例极小，可是却对施工质量的影响达到半数以上。所以，设计方案的好坏与工程的建设效益息息相关。因此，在保证项目正常运行的条件下，应对成本进行合理的调整，使各方对设计阶段重视起来。

小　结

本单元介绍了建筑安装工程费用项目的组成，工程量清单计价下的费用构成，工程量清单计价的依据及方法，工程量清单计价模式下的招标控制价的确定方法，工程量清单计价模式下的招标控制价的编制原则，工程量清单计价模式下的投标报价策略等内容。其中建筑安装工程费用项目的组成，工程量清单计价模式下的招标控制价的编制原则，工程量清单计价模式下的投标报价策略是本单元的学习重点，要求同学们理解并掌握。

习　题

1. 建筑安装工程费由哪些费用组成？
2. 工程量清单计价的费用包括哪些？
3. 其他项目费包括哪些？

单元6　综合实训

建筑设计说明

1. 本工程为一例小型综合楼，建筑面积为465 m^2。

2. 本工程建筑等级为二级，耐火等级为二级，抗震设防烈度为7度，合理使用年限为50年。

3. 本施工图中总平面和标高尺寸以m为单位，其他尺寸以mm为单位；设计标高±0.000的绝对高程值按城市规划核定，由业主和施工单位现场确定。

4. 本工程墙体厚度未注明者均为240，材料采用烧结多孔砖，三楼部分隔墙采用加气混凝土砌块；混凝土梁柱等构件尺寸位置不详者以结构图为准，其他单独做法见其所在页说明。

5. 图中墙柱等构件与轴线关系按图中标注或以结构图为准，构造柱位置做法详见结施图，图中所有门窗均居墙中设置，一、二层外窗需设防盗网时，由用户选择厂家制作安装。

6. 所有外露金属构件和预埋木砖等其他伸入墙内木构件均须做防腐处理；附着外墙金属构件刷黑色无光调和漆，型钢栏杆刷淡灰绿色调和漆；各种装修色彩应在施工前做出样板，待确定后再施工，施工时须按国家施工规范执行。

7. 室内装修做法详见室内装修表；内墙所有阳角均做2 000高护角，做法详见05YJ7 P14⑦。卫生间洁具等设备由业主自主选配，平面布设位置详见给水排水施工图。

8. 外墙装修详见立面图，施工前可由业主组织相关人员共同选配材料规格、颜色。

9. 本工程建筑构配件做法按照河南省05系列工程建设标准设计图集05YJ×—×施工。

门窗表

类别	门窗编号	数量	洞口尺寸	选用图集号	备注
门	M—1	10	1 000×2 100	P89/1PM—1021	木制平开门
	M—2	3	1 200×2 700	P89/1PM—1227	木制平开门
	M—3	1	2 600×2 700	厂家定制	塑钢平开门
	M—4	6	700×2 100	P90/2PM—0821	门宽改为700
窗	C—1	9	1 800×1 800	P28/2TC—1818	成品塑钢窗
	C—2	3	1 200×1 200	P25/1TC—1212	成品塑钢窗
	C—3	3	2 600×2 000	P28/2TC—2121	窗宽改为2 600
	C—4	6	600×1 800	P21/2NPC—0618	成品塑钢窗
	C—5	4	1 200×1 800	P28/2TC—1218	成品塑钢窗
	CC—1	2	2 600×2 200	厂家定制	固定塑钢窗
	CC—1	2	1 200×900	P25/1TC—1209	成品塑钢窗
注：门窗采用标准设计图集05YJ4—1，门油漆做法采用图集05YJ1涂1。					

室内装修表

序号	部位 项目	厅堂	房间	卫生间	走廊	楼梯间	备注
1	顶棚	顶 3	顶 3	顶 3	顶 3	顶 3	涂 22
2	墙面	内墙 4	内墙 4	内墙 8	内墙 6	内墙 6	涂 22
3	地面	地 19	地 19	地 19	地 19	地 19	
4	楼面	楼 10	楼 10	楼 10	楼 10	楼 10	
5	踢脚	踢 22	踢 22		踢 22	踢 22	
注：装修做法采用图集 05YJ1，材料规格颜色由业主定，踢脚材料同地坪。							

装饰做法表

地 19	①8～10 mm 厚地砖铺实拍平，水泥浆缝，20mm 厚 1∶4 干硬性水泥砂浆，素水泥浆结合层一遍 ②80 mm 厚 C15 混凝土 ③素土夯实
楼 10	①8～10 mm 厚地砖铺实拍平，水泥浆擦缝，20 mm 厚 1∶4 干硬性水泥砂浆，素水泥浆结合层一遍，钢筋混凝土楼板
踢 22	①17 mm 厚 1∶3 水泥砂浆；3～4 厚水泥砂浆加水质量 20%建筑胶囊贴；8～10 mm 厚面砖，水泥浆擦缝(150 mm 高)
台阶	①8～10 mm 厚地砖，缝宽 5～8 mm，1∶1 水泥砂浆填缝，25 mm 厚 1∶4 干硬性水泥砂浆，素水泥砂浆结合层一遍 ②60 mm 厚 C15 混凝土台阶(厚度不包括踏步三角部分) ③300 mm 厚 3∶7 灰土 ④素土夯实
内 4	①15 mm 厚 1∶1∶6 水泥石灰砂浆，5 mm 厚 1∶0.5∶3 水泥石灰砂浆
内 6	①15 mm 厚 1∶3 水泥砂浆，5 mm 厚 1∶2 水泥砂浆
内 8	①15 mm 厚 1∶3 水泥砂浆，刷素水泥砂浆一遍，3～4 mm 厚 1∶1 水泥砂浆加水质量 20%的建筑胶囊贴，4～5 mm 厚釉面面砖，白水泥浆擦缝
外墙 22	①仿石面砖 ②水泥砂浆
顶 3	①钢筋混凝土楼板底面清理干净，7 mm 厚 1∶1∶4 水泥石灰砂浆，5 mm 厚 1∶0.5∶3 水泥石灰砂浆
雨篷	①上底抹 20 mm 厚(最薄处)1∶2.5 水泥砂浆层面(加 3%防水粉)，并向出水口找坡 ②下底面抹混合砂浆

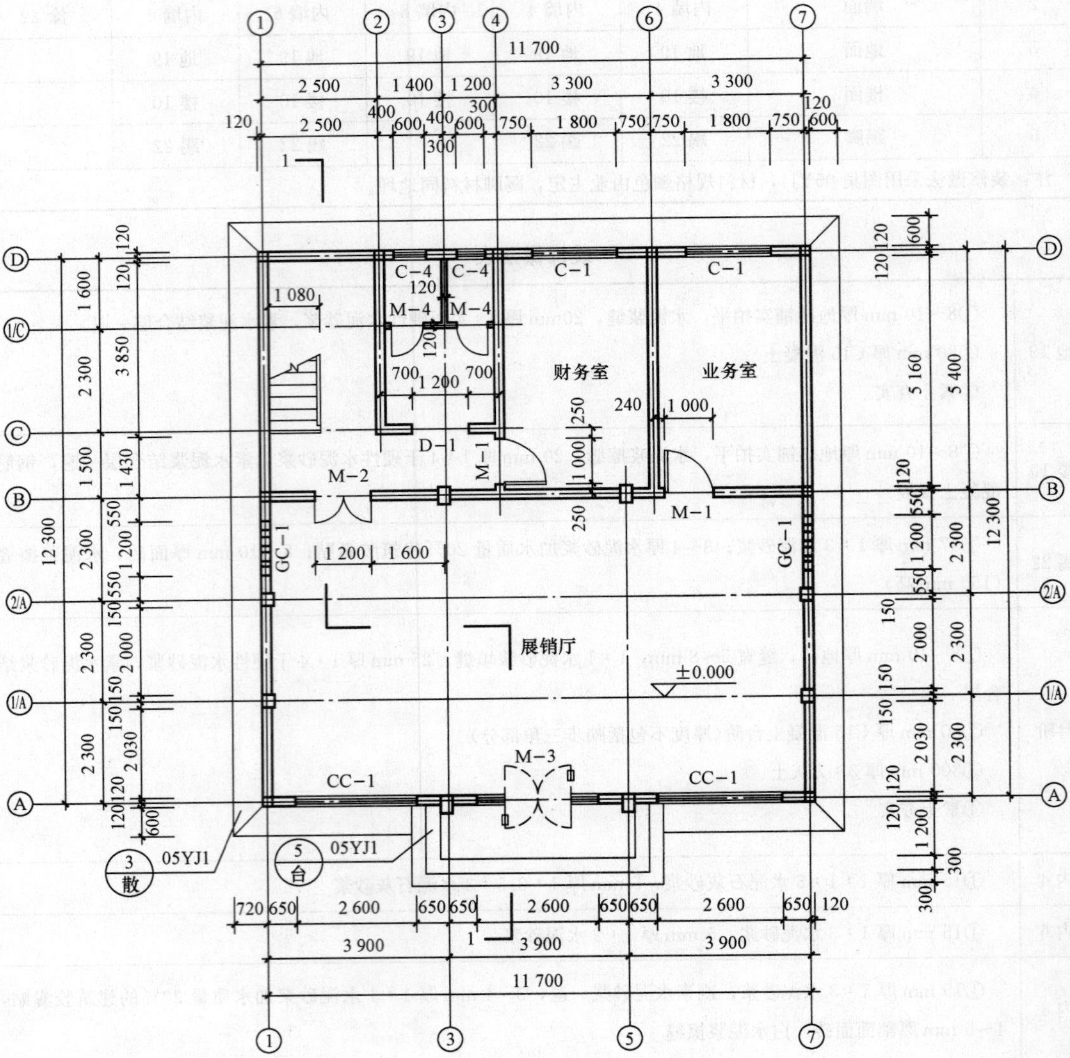

首层平面图　1：100

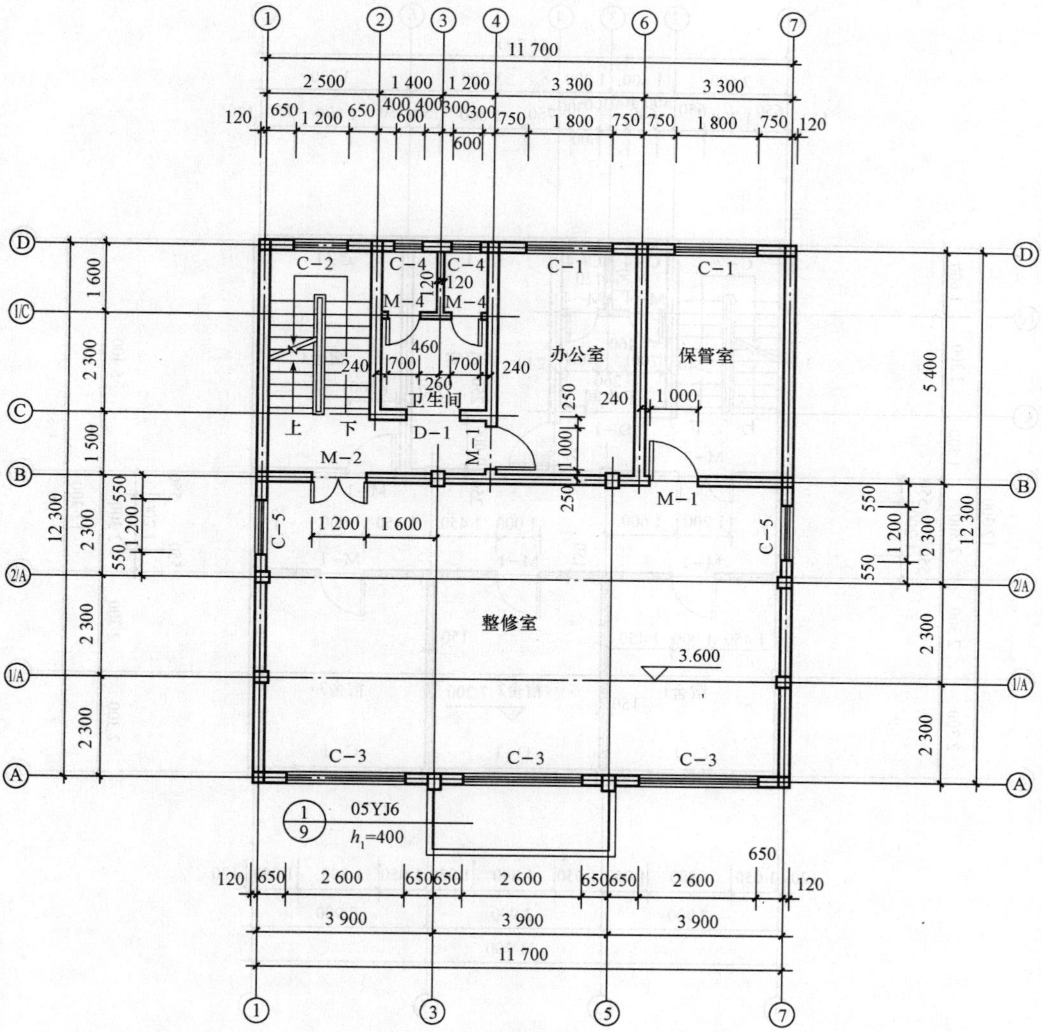
11 700
2 500
1 400
1 200
3 300
3 300
C−2
C−4
C−4
C−1
C−1
M−4
M−4
办公室
保管室
卫生间
上
下
D−1
M−1
M−2
M−1
C−5
C−5
整修室
3.600
C−3
C−3
C−3
05YJ6
h_1=400
3 900
3 900
3 900
11 700
12 300
12 300
5 400

二层平面图 1：100

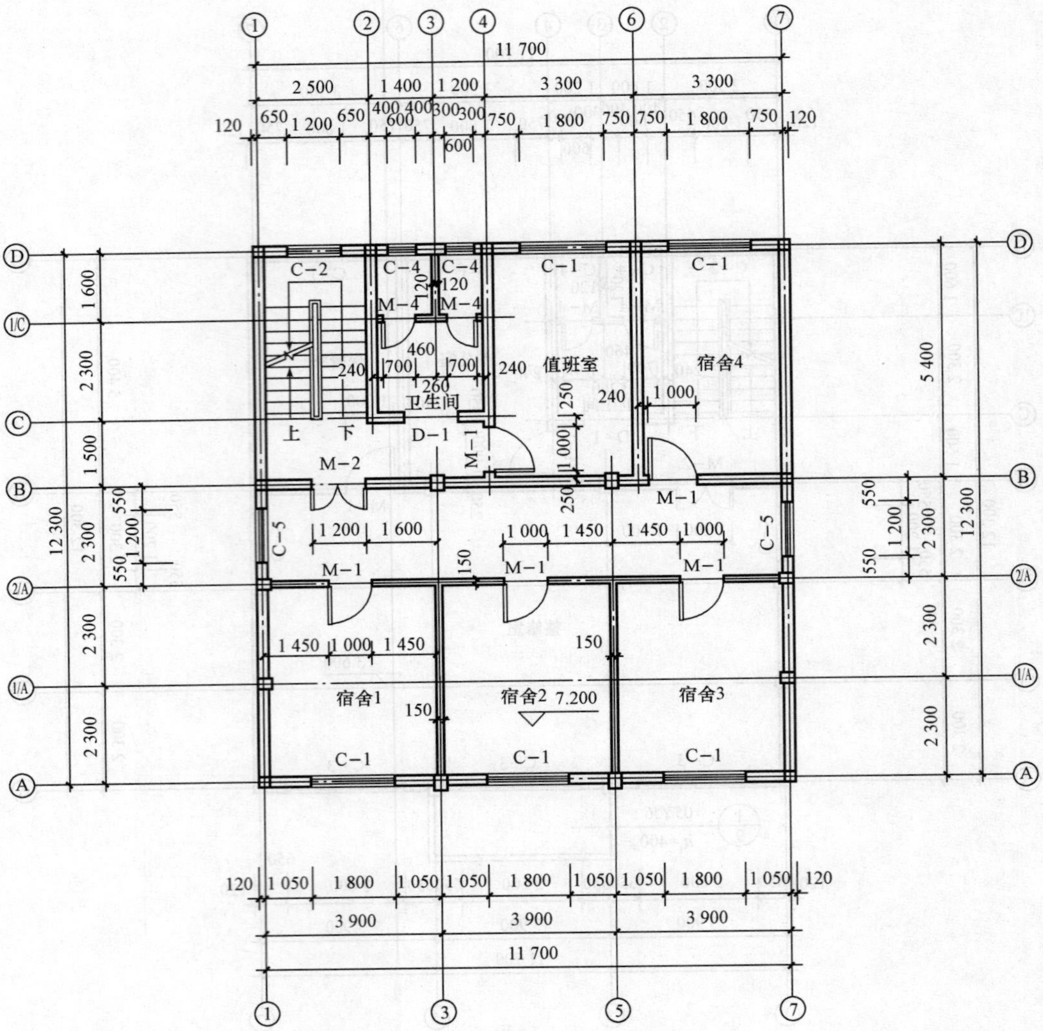
11 700
2 500
1 400
1 200
3 300
3 300
120
650
1 200
650
400 400
300
300
600
600
750
1 800
750
750
1 800
750
120
C-2
C-4
C-4
C-1
C-1
M-4
M-4
120
20
460
240
700
700
240
260
卫生间
值班室
宿舍4
240
1 000
250
1 000
250
上
下
D-1
M-1
M-2
M-1
1 600
2 300
1 500
2 300
2 300
2 300
12 300
550
1 200
550
C-5
C-5
1 200
1 600
1 000
1 450
1 450
1 000
M-1
M-1
M-1
150
150
150
1 450
1 000
1 450
宿舍1
宿舍2
7.200
宿舍3
C-1
C-1
C-1
5 400
12 300
120
1 050
1 800
1 050
1 050
1 800
1 050
1 050
1 800
1 050
120
3 900
3 900
3 900
11 700

三层平面图 1：100

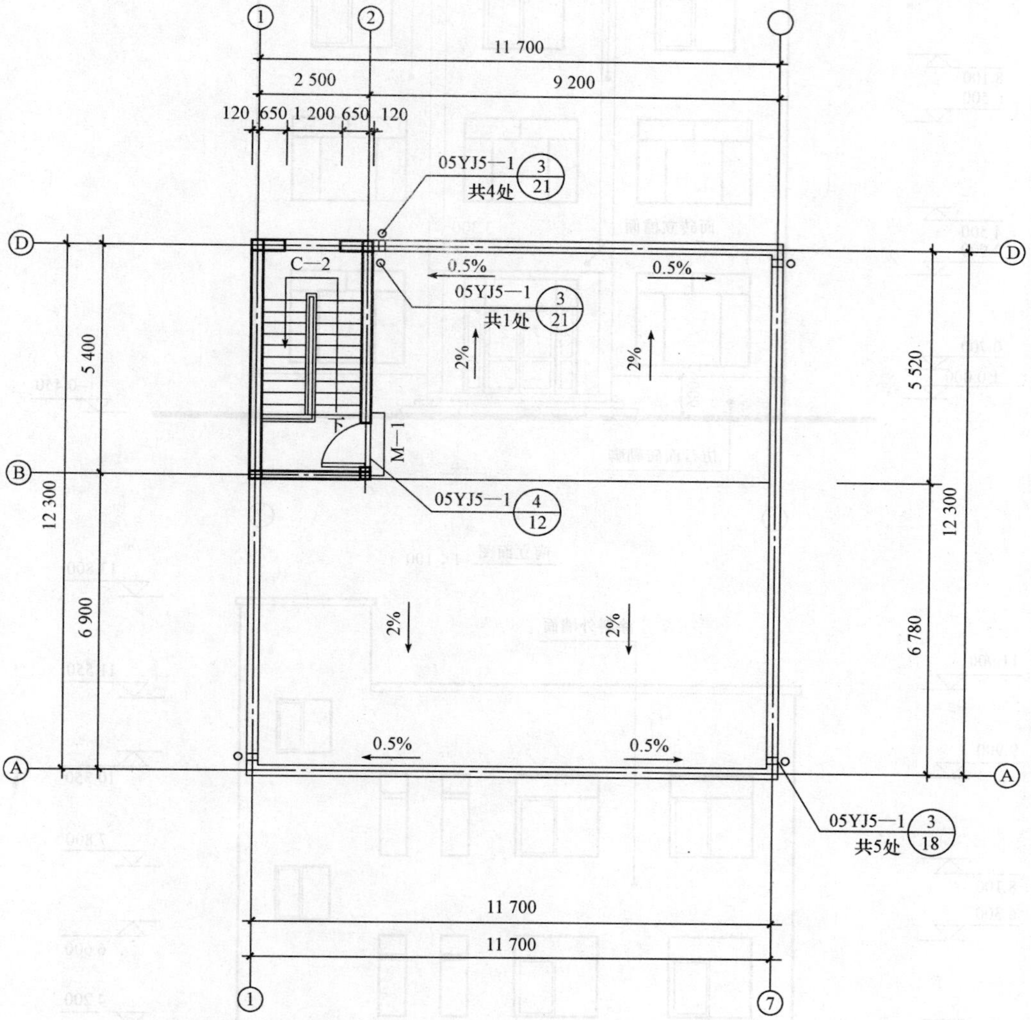

1
2
11 700
2 500
9 200
120
650
1 200
650
120
05YJ5—1
3
21
共4处
D
C—2
0.5%
05YJ5—1
3
21
共1处
0.5%
5 400
2%
2%
5 520
M—1
B
05YJ5—1
4
12
12 300
12 300
6 900
2%
2%
6 780
A
0.5%
0.5%
05YJ5—1
3
18
共5处
11 700
11 700
1
7

屋顶平面图 1：100

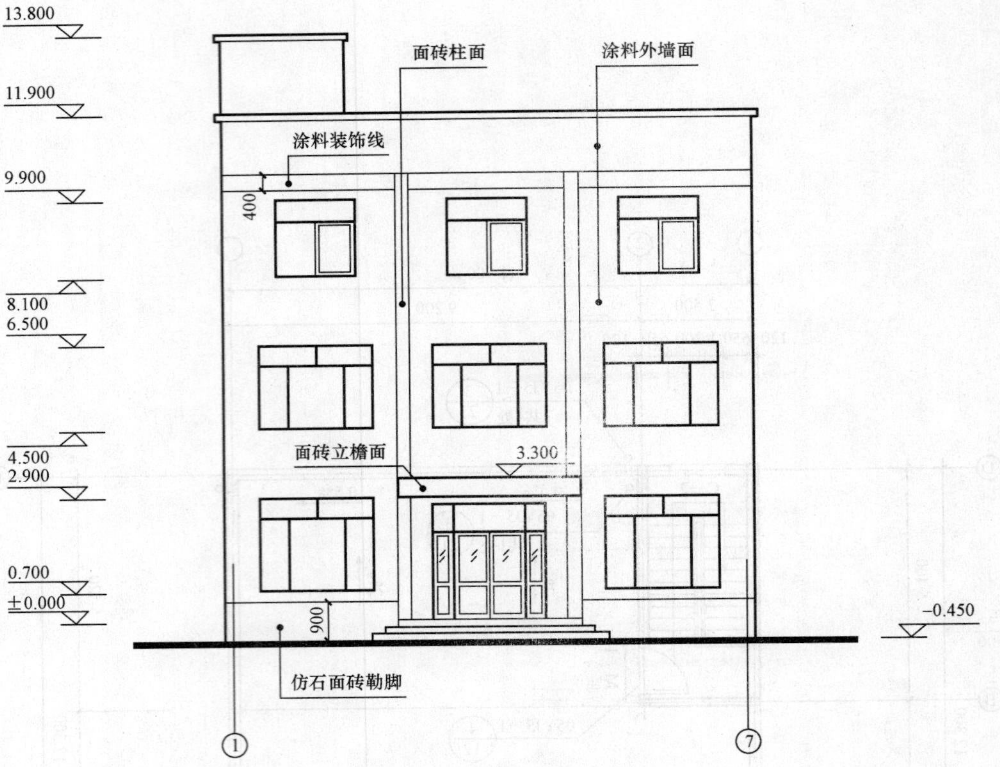

13.800
11.900
9.900
8.100
6.500
4.500
2.900
0.700
±0.000
-0.450
3.300
面砖柱面
涂料外墙面
涂料装饰线
面砖立檐面
仿石面砖勒脚
400
900
1
7

南立面图 1∶100

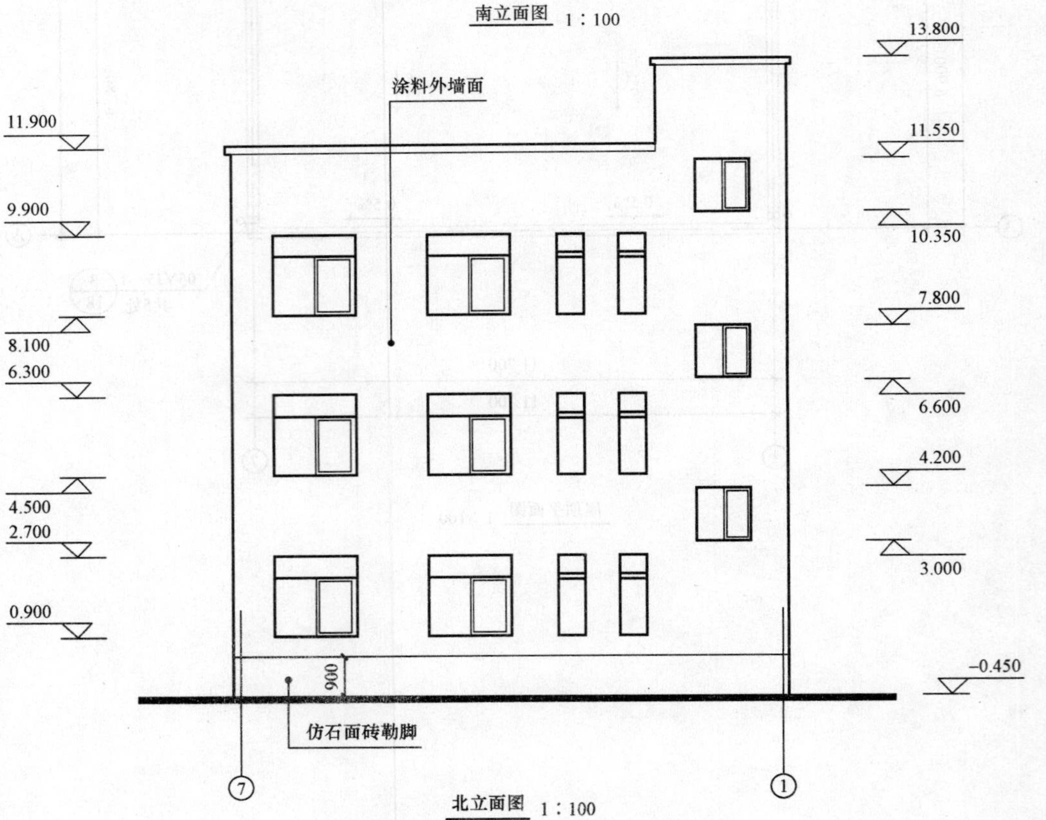

13.800
11.900
11.550
10.350
9.900
8.100
7.800
6.600
6.300
4.500
4.200
3.000
2.700
0.900
-0.450
涂料外墙面
仿石面砖勒脚
900
7
1

北立面图 1∶100

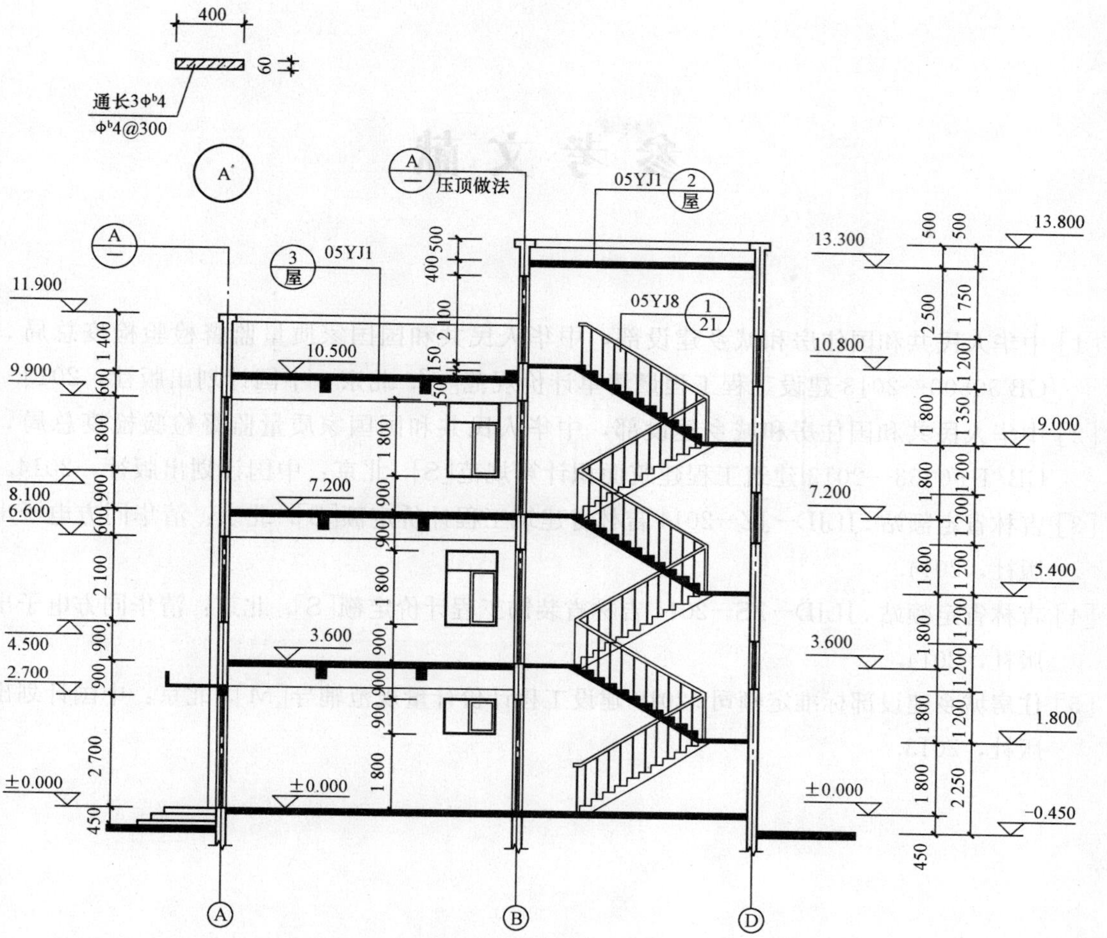

1—1剖面图 1：100

习 题

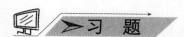

扫描下方的二维码，试计算图示综合楼的工程量，并编制其工程预算书及工程量清单。

某综合楼建筑施工图

某综合楼结构施工图

参 考 文 献

[1] 中华人民共和国住房和城乡建设部，中华人民共和国国家质量监督检验检疫总局 . GB 50500—2013 建设工程工程量清单计价规范[S]. 北京：中国计划出版社，2013.

[2] 中华人民共和国住房和城乡建设部，中华人民共和国国家质量监督检验检疫总局 . GB/T 50353—2013 建筑工程建筑面积计算规范[S]. 北京：中国计划出版社，2014.

[3] 吉林省定额站 . JLJD－JZ－2014 吉林省建筑工程计价定额[S]. 北京：清华同方电子出版社，2014.

[4] 吉林省定额站 . JLJD－ZS－2014 吉林省装饰工程计价定额[S]. 北京：清华同方电子出版社，2014.

[5] 住房城乡建设部标准定额司 . 2013 建设工程计价计量规范辅导[M]. 北京：中国计划出版社，2013.